防城港海域
海洋药用生物资源图鉴

Illustrated Compendium of Marine Medicinal Organisms
in the Waters of Fangchenggang

初庆柱　　王学锋　主编

海洋出版社

2025年·北京

内容简介

本书收录了广西防城港海域的常见海洋药用生物，并提供详细的分类特征、采集方法、生态分布及药用价值介绍。内容涵盖了常见的脊索动物门、节肢动物门、软体动物门、星虫动物门和棘皮动物门的具有药用价值的海洋鱼类、甲壳动物、软体动物、棘皮动物等多个类群；结合高清图片，读者能直观了解每种生物的形态特征及其药用价值，探究其医学研究意义。本书不仅适用于海洋药物和生物学研究的专业人员，也可作为水产养殖、海洋渔业资源开发及海洋生态保护相关领域的参考资料。

图书在版编目（CIP）数据

防城港海域海洋药用生物资源图鉴 / 初庆柱，王学锋主编. -- 北京 ：海洋出版社，2025. 3. -- ISBN 978-7-5210-1499-0

Ⅰ. Q178.53-64

中国国家版本馆CIP数据核字第2025L1X067号

责任编辑：杨　明
责任印制：安　淼

海洋出版社 出版发行
http://www.oceanpress.com.cn
北京市海淀区大慧寺路 8 号　邮编：100081
侨友印刷（河北）有限公司印刷　新华书店经销
2025年3月第1版　2025年4月第1次印刷
开本：787mm×1092mm　1 / 16　印张：11
字数：227千字　定价：98.00元
发行部：010-62100090　总编室：010-62100034
海洋版图书印、装错误可随时退换

《防城港海域海洋药用生物资源图鉴》
图书编委会

前　言

　　海洋生物资源是人类获取新药和功能性物质的重要来源。广西防城港海域地处北部湾沿岸，海洋生态环境多样，孕育了丰富的海洋药用生物资源。在防城港国际医学开放试验区工作办公室的大力支持下，我们于 2023—2024 年开展了广西防城港海域药用海洋生物资源调查项目的研究工作。在项目实施过程中，本项目的研究人员深刻体会到，在交叉学科发展的背景下，海洋生物的开发不应仅局限于食用，其药用价值更值得深入挖掘与开发。

　　中国的水产品产量自 1989 年起超过日本，跃居世界首位，并一直保持至今。未来，中国渔业的发展不仅要关注如何为民众提供优质、安全、丰富的水产品，更应充分挖掘水产资源的药用价值，为食用者的健康提供更优质的服务。同时，海洋药用生物的研究和利用也有助于提升公众对海洋生物多样性保护的认知，推动生态系统的可持续管理。只有在合理开发的前提下，才能实现资源的高效利用，并维护海洋生态平衡，使海洋生物资源的价值最大化。

　　作为广西防城港海域药用海洋生物资源调查项目研究的部分成果，本书系统整理了防城港海域的主要海洋药用生物，涵盖了常见的无脊椎动物和鱼类等类群，并结合翔实的图片、准确的分类信息及药用价值解析，向读者呈现该海域海洋药用生物的多样性及其潜在应用价值。本书的出版不仅是对药食同源理念的凝炼与体现，同时也为海洋药物研究人员、生物多样性保护工作者、海洋产业从业者及海洋生物爱好者提供有价值的参考，希望能进一步推动我国海洋生物资源的可持续开发与利用。

在本书的编撰过程中，我们得到了防城港国际医学开放试验区工作办公室、广东海洋大学、海洋出版社的诸多领导和同仁的大力支持。在此，谨向他们表示诚挚感谢！同时，我们的同事崔建军博士、研究生沈楚焰、陈嵘萍等积极参与了野外样品采集和调研工作，为本书的研究奠定了坚实基础。此外，本书的顺利出版也得到了广东海洋大学海洋渔业科学与技术国家级一流本科专业建设点的大力支持，李忠炉、吴仁协、牛素芳、杨奇慧、李广丽等老师亦为本书的出版提供了宝贵的专业意见与指导，在此一并致谢。

在撰写过程中，我们参考了大量相关文献和研究成果，在此向所有文献作者表示衷心感谢！由于编者水平有限，书中难免存在不足之处，恳请广大读者批评指正，以期在未来的研究和出版工作中不断完善和提升。

编　者

目　录

脊索动物门 Chordata

软骨鱼纲 Elasmobranchii

鲼目 Myliobatiformes

魟科 Dasyatidae

▌赤魟 *Hemitrygon akajei*

【中文名】：赤魟 chì hóng
【拉丁名】：*Hemitrygon akajei*
【科　属】：魟科魟属

【形态特征】：体呈平扁状，形状类似亚圆盘，前端边缘呈斜直线，体盘的宽度大约是体盘长度的 1.2 倍，尾巴细长，形似鞭子。吻部较短且略微突出；眼睛小而微突；嘴巴小而水平，边缘略显波状；口部下方有乳突；牙齿细小且平扁，呈铺石样排列；喷水孔较大，形状略圆。无背鳍；胸鳍向前延伸至吻端，后缘宽阔而圆滑；腹鳍形状接近方形，后缘直线；尾鳍不发达；尾部的刺含有毒腺。鱼体的背面颜色为赤褐色，眼睛下方、喷水孔的上后方以及尾巴两侧和腹部边缘呈现橘红色，而腹部表面为白色。

【采集与分布】：全年均可捕捞。捕后取尾刺、肝脏、牙齿及胆囊入药。肝脏洗净鲜用，尾刺、牙齿洗净，晒干备用。胆囊鲜用或晒干备用。分布于中国广西、广东、福建、台湾、海南等沿海海域。

【药用价值】：尾刺可清热解毒、软坚散结，适用于咽喉肿痛、乳痈、疮痈肿毒、牙痛、癌症、疟疾等病症。肝脏可益肝明目。适用于夜盲症。牙齿可截疟。适用于瘴疟。胆囊可健胃、散瘀。

尖嘴魟 *Dasyatis zugei*

【中文名】：尖嘴魟 jiān zuǐ hóng

【拉丁名】：*Dasyatis zugei*

【科　属】：魟科魟属

【形态特征】：体盘圆形，略带斜方形，最宽处在体盘中部稍后；前缘凹入，与吻端成30°～40°角。吻长而尖，显著突出。眼睛颇小，稍突起，眼径约与喷水孔等大。口小，波曲；腭膜中部凹入，后缘细裂；口底没有明显乳突。牙齿细小，紧密排列；雌鱼牙齿平扁，雄鱼牙齿尖利；上颌牙齿50余纵行。鳃孔5个，中大。幼鱼背部光滑，稍大者背面正中具几个平扁结鳞，长大者脊椎线上具结鳞1纵行。无背鳍。腹鳍狭长，后部鳍条比前部短，前角钝尖，后角圆钝；鳍脚平扁，后端颇尖。尾中长，鞭状，上下皮褶颇延长，几伸达尾的后端，下皮膜的前部很高宽；尾刺1～2枚。体背面黑褐色或灰褐色，边缘色淡；腹面淡白色，边缘灰褐色。

【采集与分布】：全年均可捕捞。捕后剖腹，取肉鲜用。分布于中国广西、广东、福建、台湾、海南、浙江、上海、江苏、山东、辽宁等沿海海域。

【药用价值】：滋阴补血、益肾通淋。主治小便不利、涩痛、男子白浊音淋、小儿疳积。

脊索动物门 Chordata

辐鳍鱼纲 Actinopterygii

海龙目 Syngnathiformes

海龙科 Syngnathidae

■ 尖海龙 *Syngnathus acus*

【中文名】：尖海龙 jiān hǎi lóng

【拉丁名】：*Syngnathus acus*

【科　属】：海龙科海龙属

【形态特征】：体型细长，呈鞭状，一般长度在 11 ~ 20 厘米之间，体高和体宽相等。躯干部呈七棱形，腹部中央棱微突出，尾部呈四棱形，逐渐变细且不卷曲。头部细长尖锐，呈管状。眼睛大而圆，眼眶微凸。鳃盖上脊较短，仅存在于基部的三分之一处，鳃孔很小。躯干部上侧棱与尾部上侧棱不相连，但下侧棱与尾部下侧棱相连。体表无鳞，全身被骨环包裹，躯干部有 19 个骨环，尾部有 36 ~ 41 个骨环。背鳍较长，有 35 ~ 45 根鳍条，从最末端的骨环开始，延伸至第九个尾环。臀鳍较短，有 4 根鳍条。胸鳍呈扇形，有 12 ~ 13 根鳍条。尾鳍有 9 ~ 10 根鳍条，后缘呈圆形。身体颜色为黄绿色，腹部为淡黄色，体表有许多不规则的暗色横带。尾鳍为黑褐色，其余鳍为淡色。雄性尾部前方腹面有 1 个育儿囊，由两片完全开放的长形皮褶构成。

【采集与分布】：一年四季均可捕捉，通常以春秋季捕捉为宜。捕捉后，需要去除外层皮膜并清理内脏，随后清洗干净并晾晒至干燥。主要分布在中国山东沿海地区，其他沿海省份亦有分布的报道。

【药用价值】：补肾壮阳、散结消肿。用于治疗阳痿、遗精、不育、肾虚引起的气喘、症瘕积聚、瘰疬瘿瘤、跌打损伤，以及痈肿疔疮。

【中文名】：三斑海马
sān bān hǎi mǎ

【拉丁名】：*Hippocampus trimaculatus*

【科　属】：海龙科海马属

【形态特征】：体形扁平，体长一般在 10 ~ 18 厘米之间。躯干部呈七棱形，腹下棱较为锐利，尾部呈四棱形，末端逐渐变细并且有卷曲的趋势。在头部，两个眼眶上方的棘和两个脸颊下方的棘较为突出和锋利，而其他部位的棘则较短且钝，呈现轻微的凸起。在第一、第四、第七和第十一节的背部以及尾部的第一、第五、第九、第十三和第十七节，骨环上的结节形成了隆起的脊，而且这些部位的棘比其他区域的棘要大。头部的冠部较短，顶端有 5 个小棘。它的吻部细长，呈管状，长度略超过眼睛到头部后端的距离。眼睛小而圆，上方的棘发达且尖锐，向后弯曲。嘴巴小，位于头部前端，张开时呈现半圆形，没有牙齿。鳃盖部分突出，鳃孔较小。颈部的背部有 1 个隆起的脊。脸颊下方有 1 根细长且弯曲的棘。肛门位于躯干的第十一节下方的腹部。身体表面没有鳞片，由骨环构成，也没有侧线。身体由 11 个固定环和 40 ~ 41 个活动环组成。背鳍有 20 ~ 21 条软鳍条，位于躯干的最后两节和尾巴的前两节的上方。臀鳍较短，有 4 条软鳍条。胸鳍呈扇形，有 17 ~ 18 条鳍条。体色为黑褐色。眼睛上方有放射状的褐色斑纹。在背鳍前方，第一、第四和第七节的小棘基部各有 1 个黑色的圆点。

【采集与分布】：全年均可捕捉。捕捉后，需去除内脏，清洗干净并晒干备用。主要分布于中国东海及南海沿海地区，如广东、福建、浙江、江苏等沿海海域。

【药用价值】：补肾壮阳、益精种子、止咳平喘、活血通脉、散结消肿、堕胎。主治肾虚精亏、阳痿不育、宫冷不孕、虚喘、久喘、遗尿、虚烦失眠、癥痕积聚、痞块、瘀滞腹痛、跌打损伤、外伤出血、痈肿疮疖、疔疮肿毒、难产、淋巴结核及甲状腺肿大。

刺鱼目 Gasterosteiformes

烟管鱼科 Fistulariidae

■ 鳞烟管鱼 *Fistularia petimba*

【中文名】：鳞烟管鱼 lín yān guǎn yú
【拉丁名】：*Fistularia petimba*
【科　属】：烟管鱼科烟管鱼属

【形态特征】：吻部特别长，可占到体长的三分之一，形成一种长吻管，口位于吻端。身体完全裸露，没有鳞片，全身呈现鲜红色。背鳍单一且与臀鳍相对，尾鳍分叉，中间的鳍条延长成丝状，宛如鞭子般伸出。体呈亚圆筒形，细长，可长达1米以上。两眼间隔接近平坦，背鳍软条在14～17枚之间。

【采集与分布】：全年均可捕捞，全体均可入药。捕捞后需洗净并晒干，随后储藏于通风干燥之处，以防止虫蛀变质。主要分布于中国沿海，以东海、南海常见；在朝鲜、日本、南洋诸岛、非洲东岸及澳大利亚等海域也有分布。

【药用价值】：味咸、性凉。归脾、肾经。利尿消肿、清热解毒、敛疮、抗癌。主治肾炎、水肿、痔疮和食管癌。

毛烟管鱼 *Fistularia villosa*

【中文名】：毛烟管鱼 máo yān guǎn yú
【拉丁名】：*Fistularia villosa*
【科　属】：烟管鱼科烟管鱼属

【形态特征】：体形延长，体表被覆小棘，呈粗糙状，背中央线上有 1 列狭长的棱鳞。口小，两眼间隔凹入。吻延长呈管状，吻部背部有两条近平行的棱，至吻之前半部互相接近。尾柄部的侧线上有向后尖出的棱鳞。背鳍与臀鳍基底相对，背鳍软条 13 ～ 15 枚；臀鳍软条 14 ～ 15 枚。

【采集与分布】：常年均可捕捞，全体均可入药。捕捞后需洗净并晒干，随后储藏于通风干燥之处，以防止虫蛀变质。主要分布于中国广西、广东、福建、台湾、海南、浙江、上海等沿海海域。

【药用价值】：利尿消肿、清热解毒、抗癌，适用于肾炎、食管癌等病症。

鲽形目 Pleuronectiformes

鲆科 Bothidae

纤羊舌鲆 *Arnoglossus tenuis*

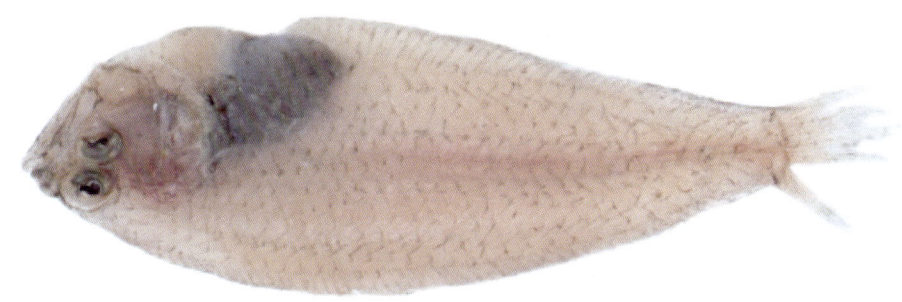

【中文名】：纤羊舌鲆 xiān yáng shé píng
【拉丁名】：*Arnoglossus tenuis*
【科　属】：鲆科羊舌鲆属

【形态特征】：体呈椭圆状，侧扁，体高为体宽的 6 ～ 7.4 倍。尾鳍基部较短且较高。头部高度超过长度，嘴部上缘在后半部轻微凹陷，下缘在下颌末端向外突出。嘴部前端钝圆，无棘刺，仅在左上方略显圆润。眼睛位于头部左侧，上眼起点正对下眼瞳孔。每侧有 2 个鼻孔，前鼻孔有皮膜覆盖；左侧鼻孔位于眼间隔的吻侧正前方，右侧鼻孔位置较高。口部较小，位于前端。上颌长于眼径，向下延伸至下眼的前三分之一处。下颌联合部下方有 1 个小凸起。两颌的牙齿细小，排列成 1 行，两侧相似，前端无特别大的犬齿。鳃孔上端不达侧线。头部和身体左侧覆盖细小的栉鳞，除吻部、口缘、眼间隔中前部和胸鳍外，左侧头体和鳍均被鳞片覆盖；右侧覆盖圆鳞。左侧侧线位于体侧中部，胸鳍后上方的弯弧长度略小于眼径的两倍。右侧无侧线。头部和身体左侧呈淡灰褐色，鳍呈淡黄色，其中奇鳍略显灰暗。

【采集与分布】：捕后去鳞、鳃和内脏，鲜用或晒干备用。分布于中国广西、台湾、海南、浙江等沿海海域。

【药用价值】：健脾益气、和中止泻、清热解毒。适用于脾胃虚弱、呕吐泄泻等病症。

舌鳎科 Cynoglossidae

双线舌鳎 *Cynoglossus bilineatus*

> 【中文名】双线舌鳎 shuāng xiàn shé tǎ
> 【拉丁名】*Cynoglossus bilineatus*
> 【科　属】舌鳎科舌鳎属

【形态特征】体呈长舌形，侧扁。嘴部略微延长，前端呈钝圆状，嘴钩较短，不延伸至左侧前鼻孔的下方。眼睛较小，两眼对称，位于头部的左侧，眼睛之间距离大约与眼睛直径相等。口部倾斜且较小，位于下方，嘴角不超过下眼后缘的下方。左侧体表覆盖着栉鳞，具有 2 条侧线，侧线之间的鳞片排列成 15 ～ 17 行的纵向条纹。右侧体表则被圆鳞所覆盖，同样有两条侧线，侧线间的鳞片也成 15 ～ 17 行纵向排列。仅在有眼的一侧存在腹鳍，并通过膜与臀鳍相连接。除了尾鳍外，其他鳍上没有鳞片。左侧体表颜色为淡黄褐色，鳃孔区域有 1 个显著的黑褐色大斑点；鳍的颜色为黄褐色，边缘接近黄色，而右侧体表为淡白色。

【采集与分布】全年均可捕捞。捕捞后，去除内脏，取肉洗净，可用于药用，既可鲜用也可晒干备用。分布于中国广西、广东、福建、台湾、海南等沿海海域。

【药用价值】补虚扶弱、健脾益气。适用于久病体虚、营养不良、脾虚泄泻、小儿疳积等病症。

【中文名】: 小鳞舌鳎 xiǎo lín shé tǎ

【拉丁名】: *Cynoglossus microlepis*

【科　属】: 舌鳎科舌鳎属

【形态特征】: 体呈长舌状，体长为体高的 4.44 ～ 4.98 倍。头长约等于头高。吻部较为突出，吻钩向下延伸至下眼的下方。在有眼的一侧，后鼻孔位于眼间隔的后半部下方。眼睛较小，均位于头部的左侧；眼间隔比眼径要宽，稍微凹陷，并且覆盖着鳞片。口部位于下方，口角向下延伸至下眼的后半部下方。两侧体表覆盖着细小的栉鳞，而在无眼的一侧，栉鳞的刺较不明显。有眼的一侧存在 3 条侧线，而无眼的一侧则没有侧线。有眼的一侧体色为黄褐色，带有深色斑点；无眼的一侧体色为淡白色。背鳍起始于嘴部稍后的位置，后端与尾鳍完全相连。臀鳍的形状与背鳍相似。左侧的腹鳍通过膜与臀鳍相连，其中第四条鳍条是最长的。尾鳍形状像尖矛。

【采集与分布】: 全年均可捕捞，去除内脏，可鲜用或晒干备用。分布于中国广西、广东、台湾、海南等沿海海域。

【药用价值】: 补虚扶弱、健脾益气。适用于久病体虚、营养不良、脾虚泄泻、小儿疳积等病症。

斑头舌鳎 *Cynoglossus puncticeps*

【中文名】：斑头舌鳎 bān tóu shé tǎ
【拉丁名】：*Cynoglossus puncticeps*
【科　属】：鳎科舌鳎属

【形态特征】：体呈舌状，极侧扁，前端较钝，后端较尖。头部短而钝，吻部短，眼睛小，位于头的左侧。眼间隔非常狭窄，有鳞。口部小且位于下方，左侧口裂较平直，口角达到下眼后缘稍前方。两颌只有无眼侧具绒毛状牙，牙群窄带状。唇光滑，无鳃耙。头和身体两侧覆盖栉鳞，头右侧前端的鳞片呈绒毛状。上、中侧线间鳞片有 14 ～ 18 纵行。各鳍仅尾鳍有鳞。眼侧有 2 条侧线，无眼侧无侧线。背鳍从吻端稍后方开始，后端与尾鳍上缘完全相连。臀鳍从鳃孔稍后方开始，形状类似背鳍，后端与尾鳍下缘完全相连。无胸鳍，仅左侧有腹鳍，位于中线且与臀鳍相连。尾鳍窄长。有眼侧体呈黄褐色，散布许多不规则的黑褐色横斑，各鳍为黄褐色，奇鳍每间隔 2 ～ 6 鳍条的鳍膜上有暗褐色细纹。无眼侧头和体为淡色，鳍也为淡色。背鳍、臀鳍和尾鳍相连，鳍条均不分支。

【采集与分布】：全年均可捕捞，捕后去除内脏，取肉洗净入药，鲜用。主要分布于中国广西、广东、福建、台湾、海南等沿海海域。

【药用价值】：补虚扶弱、健脾益气。适用于久病体虚、营养不良、脾虚泄泻、小儿疳积等病症。

鳎科 Soleidae

东方宽箬鳎 *Brachirus orientalis*

【中文名】：东方宽箬鳎 dōng fāng kuān ruò tǎ
【拉丁名】：*Brachirus orientalis*
【科　属】：鳎科宽箬鳎属

【形态特征】：体呈椭圆形，侧扁；眼睛对称地位于头部的右侧，眼间隔覆盖着鳞片。吻部短而圆润；口部较小，口裂呈弧形；只在无眼侧的上下颌上长有细小的牙齿；上颚骨上没有牙齿。鼻孔单一且较短，仅延伸至下眼的前边缘。前鳃盖骨的边缘由皮膜和鳞片构成；鳃膜与峡部不相连。体表两侧均覆盖着栉鳞，侧线上方的鳞片为圆鳞；背鳍和臀鳍的鳍条多数分叉，与尾鳍相连，背鳍有 61～65 条软鳍条，臀鳍有 44～48 条软鳍条；胸鳍不分叉。两侧都有胸鳍；尾鳍末端圆润。有眼侧体色为灰褐色，散布着细小的黑色斑点，背部、腹部边缘及中央各有一行云状的灰黑色斑纹，体中部有一系列垂直的黑色短条纹，胸鳍呈黑褐色；无眼侧体色为淡黄白色。

【采集与分布】：全年均可捕捞，捕后去除内脏，可鲜用或晒干备用。分布于中国广西、广东、台湾、海南等沿海海域。

【药用价值】：滋补强壮、健脾补肾。适用于气虚乏力、病后体虚、气血不足、体弱乏力。

峨眉条鳎 *Zebrias quagga*

【中文名】: 峨眉条鳎 é méi tiáo tǎ
【拉丁名】: *Zebrias quagga*
【科　属】: 鳎科条鳎属

【形态特征】: 体呈长舌形, 侧扁。头部较短且钝圆, 头高超过头长。吻部前端钝圆, 无钩状。眼睛位于头部右侧, 突出, 上眼略位于下眼前方。眼间隔窄, 体表无鳞。右侧前鼻孔短, 呈管状, 左侧后鼻孔位置较高, 有皮管。口部位于前端, 右侧口裂略微延伸至下眼中央下方。仅在左侧颌部有绒毛状细小牙齿。鳃耙非常细小。头部和身体两侧覆盖栉鳞; 头部左侧前部和鳃盖膜后缘的鳞片短而呈绒毛状。背鳍起始于上眼前上方, 后部鳍条最长, 与尾鳍上缘前三分之二相连。臀鳍起始于胸鳍前下方, 形状与背鳍相似。右侧胸鳍呈尖三角形, 第二鳍条最长, 下方鳍条短, 鳍上缘通过膜与鳃盖膜相连; 左侧胸鳍较短, 长度约等于眼径, 上缘与鳃盖膜相连。腹鳍几乎对称, 第二鳍条最长, 最后鳍条通过膜与生殖突相连。尾鳍略尖, 中部鳍条分叉。头部和有眼侧呈淡黄褐色, 有 11 条横带状棕褐色斑纹, 斑纹间距小于宽度, 大多数斑纹宽度大于眼径, 斑纹中央常有淡黄褐色横细纹, 斑纹上下两端延伸至背鳍和臀鳍内; 尾鳍常有 4 条不规则横斑, 第一条为棕褐色, 后 3 条接近黑色, 中央前后相连。

【采集与分布】: 全年均可捕捞, 捕后去除鳞、鳃和内脏, 可鲜用或晒干备用。分布于中国广西、广东、台湾、海南等沿海海域。

【药用价值】: 滋补强壮、健脾补肾。适用于肝肾亏虚导致的腰膝酸软、遗精滑精、头晕耳鸣等病症。

牙鲆科 Paralichthyidae

少牙斑鲆 *Pseudorhombus oligodon*

【中文名】：少牙斑鲆 shǎo yá bān píng

【拉丁名】：*Pseudorhombus oligodon*

【科　属】：牙鲆科斑鲆属

【形态特征】：体呈长圆形，侧扁，背部和腹部轮廓都略微隆起，尾巴的基部短而高耸。头部相对宽阔，高度超过长度，头顶在上眼睛的前部略微凹陷，下颚后端形成尖锐的角状突出。吻部前端短且钝，眼睛位于头部的一侧，上眼靠近头的背侧。眼睛之间距离非常窄，呈现轻微的嵴状。有眼一侧的两个鼻孔位于眼睛间隔的前部，而无眼一侧的鼻孔则靠近头部的背侧。口部较大，位于前端，呈斜裂状。牙齿尖锐且呈锥形，两颌各有1行牙齿，两侧牙齿都发达，上颌前端的牙齿较大，后部牙齿较小且排列紧密，下颌的牙齿较大且排列稀疏，无眼侧有6～11颗牙齿。鳃孔呈狭长形。鳃盖膜与峡部不相连。鳃耙较长，内侧边缘有细小的刺。体两侧覆盖着栉鳞，无眼侧的头部覆盖着圆鳞。两侧的侧线发达，在胸鳍上方有1个弓状弯曲部分，有明显的颞上支。背鳍的起点位于无眼侧后鼻孔的上方。臀鳍的起点位于胸鳍基部的前下方或稍前方。两侧的腹鳍大致对称，只有有眼侧的腹鳍基部靠近腹部中线。尾鳍的后缘呈楔形。有眼侧的体色为浅褐色，侧线的直线部分起点附近有1个暗色斑点，体侧还有少数暗色小斑点。

【采集与分布】：全年均可捕捞，捕后去除内脏及鳞片，取肉洗净，鲜用或晒干入药。分布于中国广西、广东、福建、台湾、海南等沿海海域。

【药用价值】：健脾益气、清热解毒、催吐。适用于脾胃虚弱、呕吐泄泻，以及食用河豚中毒等病症。

鲱形目 Clupeiformes

锯腹鲱科 Pristigasteridae

▋ 鳓 *Ilisha elongata*

> 【中文名】: 鳓 lè
> 【拉丁名】: *Ilisha elongata*
> 【科　属】: 锯腹鳓科鳓属

【形态特征】: 体延长, 侧扁而高; 背部窄, 腹部具锐利棱鳞。头中大, 甚侧扁; 头顶平坦, 具菱形隆起棱。吻短钝, 上翘。眼大, 上侧位。脂眼睑发达, 遮盖眼的一半。前颌骨和上颌骨由韧带连接。上颌骨末端可达瞳孔下方。上下颌、腭骨及舌上均具细牙。鳃孔大。鳃耙较粗, 边缘具小刺。体被薄圆鳞, 鳞中大, 易脱落。无侧线。背鳍1个, 中大, 位于体中部稍前, 起点距离吻端和距离尾鳍基约相等。臀鳍基长, 始于背鳍基终点稍前的下方。胸鳍下侧位, 向后伸达腹鳍基。腹鳍甚小。尾鳍叉形。体背部灰青色, 体侧和腹部银白色。背鳍淡青色, 具黑色小点。尾鳍青黄色, 后部也具黑色小点。背鳍和尾鳍边缘灰黑色。其他各鳍浅色。

【采集与分布】: 全年均可捕捞, 捕获后, 剖腹取肉, 可鲜用; 取鳃后用淡水洗去咸质, 晒干, 置于干燥凉爽处保存。分布范围较广, 包括中国沿海、朝鲜半岛、日本、印度洋北部沿海, 东至俄罗斯东部大彼得湾, 南至印度尼西亚。

【药用价值】: 滋补强壮、暖脏补虚、健脾开胃、养心安神。适用于脾虚泄泻、食欲不振、消化不良、噤口不食、心悸怔忡。

鳀科 Engraulidae

▌赤鼻棱鳀 *Thryssa kammalensis*

> 【中文名】：赤鼻棱鳀 chì bí léng tí
> 【拉丁名】：*Thryssa kammalensis*
> 【科　属】：鳀科棱鳀属

【形态特征】：体长是其体高的 4 ~ 4.3 倍，也相当于头长的 4 ~ 4.2 倍。头长是吻长的 4 ~ 5 倍，同时是眼径的 4 ~ 4.4 倍，以及眼间隔宽度的 3.3 ~ 3.4 倍。体呈延长且侧扁的形状。头部大小适中，吻部显著突出，其长度与眼径大致相等。眼睛较大，位于头部的中侧位置。眼间隔宽阔。鼻孔每侧有 2 个，位于眼睛上边缘的前方。口部宽阔，位于下方，略微倾斜，上颌比下颌长，上颌骨的末端向后延伸至前鳃盖骨的下缘，但不到达鳃孔。上下颌、犁骨、腭骨以及舌头上都装备有细小的牙齿。鳃孔宽敞，鳃盖膜与峡部不相连。鳃盖条共有 11 条。鳃耙的长度超过了鳃丝。

【采集与分布】：全年均可捕捞，捕后剖腹，去除内脏，取肉鲜用。分布于中国南海、东海、黄海、渤海等海域。

【药用价值】：补气活血、健脾养胃、解毒消肿，适用于久病体虚、疮疖痈肿、脚跟肿痛。

▌杜氏棱鳀 *Thryssa dussumieri*

【**中文名**】：杜氏棱鳀 dù shì léng tí

【**拉丁名**】：*Thryssa dussumieri*

【**科　属**】：鳀科棱鳀属

【**形态特征**】：体型修长且侧扁。口大，口裂微倾斜，上颌比下颌要长，并且上颌向后延伸，直达到胸鳍的末端。背部呈青绿色，头顶、吻部和鳃盖的上部为黄色，头部的背面后方带有1块暗色的青色斑纹。鱼体两侧以及腹部呈银白色。背鳍为青黄色，后部带有鞍状的绿色斑点。尾鳍颜色较浅，呈黄色，边缘为黑色。胸鳍、腹鳍和臀鳍的颜色较淡。

【**采集与分布**】：全年均可捕捞，捕后剖腹，去除内脏，取肉鲜用。分布于中国南海、东海等海域。

【**药用价值**】：补气活血、健脾养胃、解毒消肿。适用于久病体虚、疮疖痈肿、脚跟肿痛。

【中文名】：汉氏棱鳀 hàn shì léng tí

【拉丁名】：*Thryssa hamiltonii*

【科　属】：鳀科棱鳀属

【形态特征】：体状如梭，侧扁。头部略小，头背缘与体背缘平直。吻部钝。眼睛中等大，位于侧前方。口部窄长，口裂向后下方斜伸，上颌骨向后伸至鳃孔。上下颌等长，牙齿细小，分布于两颌、颚骨和舌上。腹部具 10 ～ 11 + 16 ～ 17 的棱鳞。背鳍前方有 1 枚小刺。胸鳍基和腹鳍基各有 1 个大的腋鳞。背鳍起点位于吻端和尾鳍基的中间，位于腹鳍的后方。臀鳍起点在背鳍末端的下方。胸鳍向后伸至腹鳍基。腹鳍小，起点距鳃盖后缘比距臀鳍起点更近。尾鳍中等大，呈宽叉形。背部青绿色，体侧白色，靠近鳃盖后上角处有 1 块黄绿色的大斑。背鳍淡黄色，胸鳍和尾鳍黄色，腹鳍和臀鳍白色。

【采集与分布】：全年均可捕捞，捕后剖腹，去除内脏，取肉鲜用。分布于中国南海、东海等海域。

【药用价值】：补气活血、健脾养胃、解毒消肿。适用于久病体虚、疮疖痈肿、脚跟肿痛。

中华小公鱼 *Stolephorus chinensis*

【中文名】：中华小公鱼 zhōng huá xiǎo gōng yú
【拉丁名】：*Stolephorus chinensis*
【科　属】：鳀科小公鱼属

【形态特征】：体呈圆柱状，轻微侧扁。头部相对较小，吻部向前突出。眼睛较大，位于侧前方，直径大于吻部的长度。眼间距略显凸起。鼻孔距离眼睛的前缘比距离吻端更近，口部宽阔，口裂延伸至眼睛后缘的下方。上颌比下颌长，上颌骨末端尖锐，向后延伸至前鳃盖骨上方，但不到达鳃孔。两颌均布有细小的牙齿。鳃孔宽敞，鳃盖骨质地薄而柔软，假鳃明显。鳃耙数量为 17 ~ 19 + 25 ~ 28，长度超过鳃丝。鳃盖膜轻微相连，但不与峡部相连，鳃盖条共有 13 条。肛门位于背鳍基部下方，与臀鳍距离很近。身体覆盖着易于脱落的圆形鳞片，鳞片上分布有 11 条横沟线，多数横沟线相互连接。环纹细腻。腹鳍前方的腹侧有 6 个骨刺。背鳍位置较低，起点距离尾鳍基部比距离吻端更近。臀鳍起始于背鳍下方中央，其基部长度超过背鳍基部。胸鳍位于身体侧面下方。腹鳍较小，位于背鳍前下方，起点距离臀鳍起点比距离胸鳍基部更近。尾鳍的后缘呈现中等程度的凹陷。体呈白色，体侧有 1 条银白色的纵向条纹。头部有 1 处呈 "凹" 字形的绿色斑纹。所有鳍都是白色的，只有尾鳍带有淡淡的绿色。

【采集与分布】：全年四季均可捕捞，捕后剖腹，去除内脏，鲜鱼备用。主要分布于中国南海、东海等海域。

【药用价值】：补气活血、健脾强胃、解毒消肿。主治久病体虚、疮疖痈肿、脚跟肿痛。

鲻形目 Mugiliformes

鲻科 Mugilidae

▌ 鲻 *Mugil cephalus*

【中文名】：鲻 zī

【拉丁名】：*Mugil cephalus*

【科　属】：鲻科鲻属

【形态特征】：体修长，前端近似圆柱状，而尾部逐渐变扁。头部较短，侧扁，两侧微微隆起。吻部宽广而短。眼睛较大，位于头部前侧，眼周围的脂肪层较为发达。眼间区域宽广且平坦。眶前骨下缘有细小的锯齿状结构。口部较小，位于腹部下方。上颌骨被眶前骨完全覆盖，末端不外露。上颌唇部较为发达，中间有1处凹陷，而下颌唇部较薄，中间有1处凸起。上下颚的牙齿细小且不显著。犁骨、腭骨及舌上均无牙齿。鳃孔宽敞，鳃盖膜与峡部不相连。前鳃盖骨和鳃盖骨的边缘光滑无瑕，鳃耙细小且密集。体表覆盖细小的梳状鳞片，鳞片较大；头部则覆盖圆形鳞片。第二背鳍、臀鳍、腹鳍和尾鳍上也覆盖小圆鳞。胸鳍和腹鳍基部有发达的腋鳞。头部和体侧的侧线系统发达。背鳍分为两部分；第一背鳍有4根棘刺，第二背鳍的起点位于臀鳍第一鳍条的正上方。臀鳍较大，起始于第二背鳍的前下方。腹鳍长度短于胸鳍。尾鳍呈分叉状。背部呈青灰色，体侧为银白色，腹部为纯白色。体侧上方沿鳞片排列有6～7条深色的纵向条纹。胸鳍基部上方有一个黑色斑点。

【采集与分布】：全体均可入药，全年均可捕捞。捕捞后，去除鳞片及内脏，洗净，可鲜用或焙干备用。中国各地沿海及浅海与河口的咸淡水交界处，广西、广东、福建、浙江、江苏、山东、河北、辽宁等沿海海域均有分布。

【药用价值】：益气养血、健脾开胃、通利五脏、强筋壮骨、散瘀止痛、通乳。主治胃虚弱、消化不良、泄泻、小儿疳积、贫血、久病体虚、百日咳、脾虚血崩、乳汁不通、产后瘀血、跌打损伤。

【**中文名**】：前鳞骨鲻 qián lín gǔ zī
【**拉丁名**】：*Osteomugil ophuyseni*
【**科　属**】：鲻科骨鲻属

【**形态特征**】：体型修长且侧扁，头部较小，形状近似圆锥形。眼睛较大，呈圆形，周围有较为发达的脂肪层，这层脂肪覆盖眼睛上方，仅露出 1 个长圆形的小孔。口部较小，位于下方，其口裂小而平横，呈八字形。上颌的唇部较为发达，而下颌的唇边缘则显得锋利。第二背鳍、臀鳍、胸鳍和尾鳍的基部都有细鳞覆盖，第一背鳍、胸鳍和腹鳍基部两侧各有 1 片长而尖的腋鳞。两个背鳍分开，第一背鳍的起点距离吻端比距离尾鳍基部更近；第二背鳍的起点位于臀鳍第三鳍条基部的上方。臀鳍较大，起点位于第二背鳍前方。胸鳍位于身体较高的侧面位置。腹鳍的起点位于胸鳍中部的下方。尾鳍呈叉形。体背部呈蓝灰色，侧面下方和腹部为银白色。背鳍和尾鳍边缘有淡黑色的条纹。胸鳍靠近基部的上方有一个黑斑。

【**采集与分布**】：全体入药，常年均可捕捞。捕后，去除鳞片及内脏，洗净，可鲜用或焙干备用。分布于中国广西、广东、福建、浙江、上海等地沿海海域。

【**药用价值**】：益气养血、健脾开胃、通利五脏、强筋壮骨、散瘀止痛、通乳。主治胃虚弱、消化不良、泄泻、小儿疳积、贫血、久病体虚、百日咳、脾虚血崩、乳汁不通、产后瘀血、跌打损伤。

仙女鱼目 Aulopiformes

狗母鱼科 Synodidae

▎龙头鱼 *Harpodon nehereus*

> 【中文名】：龙头鱼 lóng tóu yú
> 【拉丁名】：*Harpodon nehereus*
> 【科　属】：狗母鱼科龙头鱼属

【形态特征】：体呈淡灰色或褐色，散布着黑色细点。口部特别大，位于前端。尾鳍典型叉形。胸鳍和腹鳍发达，长度相等。体型修长且侧扁，通常体长在 15 ～ 26 厘米。眼睛小，位于身体前部。口裂大，由前颌骨构成上缘，两颌的牙齿密生、细尖。身体柔软，大部分区域光滑无鳞，仅侧线上有 1 行较大的鳞片，直抵尾叉。头部和背面呈浅棕色，腹部为乳白色。侧线发达且明显，从头盖骨直达尾鳍叉中央。背鳍单一，仅有鳍条而无鳍棘，背鳍后跟有 1 小脂鳍。

【采集与分布】：全年均可捕捞。捕获后，去除内脏和鳞片，取肉鲜用。印度北部沿海的河口地区分布较广，同时在中国沿海也均有分布。

【药用价值】：味甘、性平。归脾经。健脾益气、滋补肝肾、利水止血。主治小儿营养不良、水肿、鼻衄等症状。

花斑蛇鯔 *Saurida undosquamis*

【中文名】：花斑蛇鯔 huā bān shé zī

【拉丁名】：*Saurida undosquamis*

【科　属】：狗母鱼科蛇鯔属

【形态特征】：体呈亚圆筒形，吻尖，两端微尖头部中等大小。眼睛位于头的前侧，脂眼睑窄。口大，口裂延伸至眼后方。舌上具细牙。鳃孔大，鳃盖膜不与峡部相连，鳃耙针尖状。头侧被鳞，胸鳍和腹鳍基部有短的腋鳞。侧线平直。背鳍起点位于腹鳍末端的后上方，脂鳍位于臀鳍基的上方。臀鳍起点距尾鳍基较距腹鳍为近。胸鳍位于侧中部，向后不达腹鳍基。腹鳍内缘鳍条稍长。尾鳍叉形。体背部为淡棕色，腹部白色，体侧中部有 9～10 个斑点。背鳍和尾鳍后缘黑色，腹鳍和臀鳍白色。背鳍第二鳍条和尾鳍上缘的鳍条有节状黑斑。

【采集与分布】：全年均可捕捞。捕捞后，去除内脏及鳞片，取肉鲜用或晒干备用。尾部割取后晒干备用，可以烧灰入药。分布于中国广西、广东、福建、台湾、海南、浙江、上海等沿海海域。

【药用价值】：健脾补气、固涩缩尿、清热解毒。适用于遗尿、夜尿、小儿麻痹后遗症、扁桃体炎等病症。

鲈形目 Perciformes

鲾科 Leiognathidae

▎短吻鲾 *Leiognathus brevirostris*

【中文名】：短吻鲾 duǎn wěn bī

【拉丁名】：*Leiognathus brevirostris*

【科　属】：鲾科鲾属

【形态特征】：体长为体高的 2.7 倍，且是头长的 4.3 倍。胸部没有鳞片，侧线一直延伸到尾柄的末端。背鳍的第二棘不延长成丝状，并且长度不超过体高的一半，背鳍第三棘和第四棘之间有 1 个不太明显的黑色斑点。背鳍由 8 个硬棘和 16 ～ 17 个软条组成，臀鳍则由 3 个硬棘和 14 个软条构成。上下颌可以向前伸展，形成一个向下倾斜的口管。口裂从眼睛下缘的水平线开始。胸部覆盖有鳞片。颈部有 1 个深蓝色的鞍状斑纹，背鳍棘的上半部分有 1 个深黑色的斑点，从眼睛上缘到尾基部有 1 条黄色的纵带。

【采集与分布】：全年均可捕捞。捕后剖腹，去除内脏及鳞片，取肉洗净，可鲜用或晒干备用。分布于中国广西、广东、福建、台湾、海南、浙江、上海等沿海海域。

【药用价值】：健脾益气、益气补虚。主治食积不化、肝炎等病症。

【中文名】: 细纹鲾 xì wén bī
【拉丁名】: *Leiognathus berbis*
【科　属】: 鲾科鲾属

【形态特征】: 吻部钝而尖，长度与眼睛直径相等或比眼睛直径略短。眼睛较大，与眼间隔宽度相同，脂性眼睑不显著。侧筛骨的上边缘有 2 枚小棘。眼间隔略为凹陷，中间有 1 条纵向的脊，额头的左右两侧有显著的纵向脊，在末端汇聚于上枕嵴的起始部位，形成额头部分 1 个大致三角形的平坦凹陷区域。每侧有 2 个鼻孔，位于眼睛前上缘。口裂位于眼睛下缘的水平线上，水平展开，当上下颌向前伸出时构成一个向下倾斜的口管，闭口时下颌形成大约 40° 角。牙齿细小，呈刷状排列。头部无鳞，腹鳍基部有腋鳞。侧线不完整，位于上侧位，与背缘平行，通常在尾柄中部结束，侧线上有感觉管，但容易脱落。背鳍单一，棘部与条部相连；第一棘短，第二棘最长，第三和第四棘前下缘有细锯齿。臀鳍的第二棘最长，第三棘前下缘也有细锯齿。腹鳍短小，位于胸部下方。尾鳍分叉。食道侧有发光腺，呈块状，外层覆盖银色膜。腹腔为银色。体背部呈淡黄色，腹部为银白色，吻部顶端为黑色。背部有不规则的暗色细斑纹，背鳍上有 1 条暗色细线。

【采集与分布】: 全年均可捕捞。捕后剖腹，去除内脏及鳞片，取肉洗净，可鲜用或晒干备用。分布于中国广西、广东、福建、台湾、海南等沿海海域。

【药用价值】: 健脾益气、益气补虚。主治食积不化、肝炎等病症。

琼斯布氏鲾 *Eubleekeria jonesi*

【中文名】：琼斯布氏鲾 qióng sī bù shì bī

【拉丁名】：*Eubleekeria jonesi*

【科　属】：鲾科鲾属

【形态特征】：颊部裸露无鳞，体背部几乎被鳞片完全覆盖，而颈部存在 1 个半圆形的无鳞裸露区。内前鳃盖骨的下边缘平滑，腹鳍棘之间的区域同样无鳞。背鳍和臀鳍的第二棘相对较短。在背鳍上，暗色斑点颜色非常浅，呈现出灰白色调。

【采集与分布】：全年均可捕捞。捕后剖腹，去除内脏及鳞片，取肉洗净，可鲜用或晒干备用。分布于中国广西、广东、福建、台湾、海南等沿海海域。

【药用价值】：健脾益气、益气补虚。主治食积不化、肝炎等病症。

鲳科 Stromateidae

▋ 银鲳 *Pampus argenteus*

【中文名】：银鲳 yín chāng

【拉丁名】：*Pampus argenteus*

【科　属】：鲳科鲳属

【形态特征】：体呈卵圆形，侧扁，背部和腹部较狭窄，且两侧呈现弧形隆起。身体在背鳍起点前最为隆起，然后向吻端逐渐倾斜，尾柄短且侧扁，其高度和宽度大致相同。头部相对较小，侧扁，顶部较高，两侧平坦。吻部短而钝，略微突出，长度与眼睛直径相近或稍短。眼睛较小，位于头部侧面，靠近前端，与吻端的距离比与鳃盖后上角的距离近。眼间隔宽阔，凸起，约为眼睛直径的2倍。每侧2个鼻孔，紧密相邻，位于眼睛前上方；前鼻孔小而圆，后鼻孔长而裂缝状。口部较小，位置略靠前，成鱼的口部更靠近腹部。吻部和上颌突出，比下颌长。上颌骨的后缘延伸至眼睛前缘的下方。两颌各有1行细牙，牙齿呈三峰状，排列紧密，而犁骨、腭骨和舌上没有牙齿。身体覆盖着容易脱落的细小圆鳞，头部除了吻部和两颌裸露外，大部分区域被鳞片覆盖。侧线完整，位于上侧位，与背缘平行。背鳍单一，鳍棘短小，呈小戟状，其在幼鱼时期较为明显，而在成鱼时则埋于皮下，且前方的鳍条较长，呈镰刀状，不达到尾鳍基部。臀鳍与背鳍形状相似，几乎相对，鳍棘小戟状，其在幼鱼时明显，而在成鱼时退化，埋于皮下，且前方的鳍条略长，呈镰刀状，不达到尾鳍基部。胸鳍较大，向后可延伸至背鳍基底中部的下方。没有腹鳍。尾鳍呈深叉形，下叶比上叶长。体背部和侧面呈青灰色，腹部为银白色，各鳍为浅灰色。

【采集与分布】：全年均可捕捞。捕后剖腹，去除内脏，洗净，全鱼入药。中国各沿海海域均有分布。

【药用价值】：健胃、益气养血、柔筋利骨。主治食积不化、脾胃虚弱、泄泻、贫血、乳汁缺乏、筋骨酸痛、四肢麻木等病症。

长鲳科 Centrolophidae

刺鲳 *Psenopsis anomala*

【中文名】：刺鲳 cì chāng
【拉丁名】：*Psenopsis anomala*
【科　属】：长鲳科刺鲳属

【形态特征】：体短而高，极度侧扁，形状呈椭圆形。头部略圆，吻部钝。眼睛大而明显。口裂中等大小，上颌末端延伸至眼前缘下方，下颌略短。牙齿细小，排列成单列，没有锄骨齿和腭骨齿。身体覆盖易于脱落的圆鳞，表面分泌黏液，侧线完整，呈轻微弧形。背鳍基底较长，具有 6～7 个短小的分离硬棘，前方的软条最长，向后逐渐变短。臀鳍基底较短，有 3 个硬棘。存在腹鳍，其起点位于胸鳍基底下方。胸鳍形状略似镰刀。尾鳍为叉形。体色为浅灰蓝色，带有银白色光泽，其在幼鱼时颜色较深，呈淡褐色或黑褐色。鳃盖上方有一处不清晰的黑斑。

【采集与分布】：全年均可捕捞，捕后全鱼洗净，鲜肉入药。分布于中国广西、广东、福建、台湾、海南、浙江、上海等沿海海域。

【药用价值】：益气养血、温肾壮阳、舒筋利骨。主治脾胃虚弱、消化不良、贫血、病后体虚、腿脚无力、筋骨酸痛、四肢麻木。

鲷科 Sparidae

▌黑棘鲷 *Acanthopagrus schlegelii*

【中文名】：黑棘鲷 hēi jí diāo
【拉丁名】：*Acanthopagrus schlegelii*
【科　属】：鲷科棘鲷属

【形态特征】：体背部较狭窄，从头顶向吻端逐渐倾斜，而腹部则较为钝圆，接近平直。头部大小适中，头长是吻长的 2.3 ～ 3.3 倍，大约是眼径的 3.6 ～ 5.5 倍。吻部呈钝尖形。眼睛大小中等，位于头部侧面且位置较高，距离鳃盖后上角，与吻端的距离大致相等。眼间隔宽阔且隆起，宽度超过眼径。鼻孔 2 个，紧邻眼前方，前鼻孔小且呈圆形，带有鼻瓣，后鼻孔为裂缝状。口部大小中等，位置靠前且略微倾斜；上下颌长度相等，上颌骨后端延伸至眼前缘下方。上颌前端有 6 颗犬齿，两侧有 4 ～ 5 列臼齿，每列后端的牙齿较大，向前逐渐减小，第三列后端的几颗牙齿最大，第四、五列则非常短；下颌前端有 6 个犬齿，两侧有 3 列臼齿，中间一列后端的几颗牙齿最大，第三列很短。身体覆盖中等大小的栉鳞，容易脱落。侧线完整，呈弧形，与背缘平行。背鳍有 11 个鳍棘和 11 条鳍条，棘部与条部相连，中间没有空隙，背鳍起点位于胸鳍基部上方，鳍棘强壮，第四鳍棘最为强大，所有鳍棘平躺时可以左右交错收纳于鳞鞘沟中。臀鳍有 3 个鳍棘和 8 条鳍条，起点在背鳍第二鳍条下方，第二鳍棘非常强壮，略长于第三鳍棘。胸鳍位置较低，长而尖，后端可达到臀鳍起点上方。腹鳍较短小。尾鳍分叉。生活时，鱼体呈青灰色，带有银色光泽，腹部颜色较浅，头部颜色较深，侧线起点处有 1 个不规则的黑色斑点，体侧有几条褐色的纵条纹。除了腹鳍外，所有鳍的边缘都是黑色的。

【采集与分布】：全年均可捕捞。捕后剖腹，取鳔入药，可鲜用或晒干备用。中国各沿海海域均有分布。

【药用价值】：清热解毒、补气活血。适用于疟腮、气虚体弱、贫血等病症。

黄鳍棘鲷 *Acanthopagrus latus*

【中文名】：黄鳍棘鲷 huáng qí jí diāo

【拉丁名】：*Acanthopagrus latus*

【科　属】：鲷科棘鲷属

【形态特征】：体长是体高的 2.4 ~ 2.6 倍，且是头长的 3.2 ~ 3.4 倍。体呈长椭圆形，侧扁，顶部较狭窄，而腹部则呈钝圆形。头部大小适中，头长是吻长的 2.7 ~ 3.3 倍，大约是眼径的 3.8 ~ 4.8 倍。吻部较尖锐。眼睛大小中等，位于头部的侧面上方，眼间隔的宽度与眼径相当。额骨左右两侧分离，表面平坦且没有孔隙。口部较小，接近水平。上下颌前端各有 6 个圆锥形牙齿，上颌侧面有 4 列（有时为 5 列）臼齿；下颌侧面有 3 行臼齿。犁骨、腭骨和舌上没有牙齿。前鳃盖骨的边缘平滑。侧线完整。背鳍的棘部与条部相连，棘部发达，其中第五棘最长。臀鳍与背鳍的条部相对应。胸鳍较长。腹鳍相对较小。尾鳍分叉。体背部呈青灰色，体侧沿着鳞片有灰色的纵向条纹，腹鳍、臀鳍及尾鳍的下叶呈黄色。

【采集与分布】：全年均可捕捞。捕后剖腹，取鳔入药，可鲜用或晒干备用。分布于中国广西、广东、福建、台湾等沿海海域。

【药用价值】：清热解毒、补气活血、健脾利水。适用于痄腮、气虚体弱、贫血等病症。

黄牙鲷 *Dentex hypselosomus*

【中文名】：黄牙鲷 huáng yá diāo
【拉丁名】：*Dentex hypselosomus*
【科　属】：鲷科牙鲷属

【形态特征】：体椭圆形，侧扁而高，背缘弧形隆起，腹缘平直。头部中等大小，左右额骨愈合，吻部钝。眼睛较大，位于上侧，眼间隔窄且凸起。口部中等大小，位于前方，微斜。上下颌等长，上颌骨后端延伸至眼前缘下方。上颌前端具4枚圆锥形犬牙，下颌前端具4～6枚圆锥形犬牙，上下颌两侧外行具小圆锥形牙，内行具颗粒状牙带。犁骨、腭骨及舌上无牙。鳃孔大。前鳃盖骨边缘具细锯齿，鳃盖骨后缘具1扁平钝棘。鳃耙较长且粗。体被较大弱栉鳞。侧线完整。背鳍1个，鳍棘部与鳍条部相连，中间无缺刻；鳍棘发达，第四鳍棘最长，各鳍棘平卧时可左右交错收折于鳞鞘沟中。臀鳍起点位于背鳍鳍条部下方，鳍棘发达。胸鳍尖长，位于下侧，延伸至臀鳍起点上方。腹鳍位于胸部。尾鳍叉形。体背部鲜红色，带金黄色光泽，越往腹部体色逐渐变成淡粉色或银白色。吻上部及上颌金黄色。体侧在背鳍基部下方有3个金黄色圆斑。各鳍浅黄中泛着红色。

【采集与分布】：全年均可捕捞。捕后，将全鱼去肠杂，取肉及鳔并洗净待用。肉可洗净后鲜用或晾干，储存于防潮、防蛀、避光处备用。分布于中国东海、南海海域及台湾海域；朝鲜半岛、日本和菲律宾海域。

【药用价值】：健脾益气、利水消肿、补肾、活血化瘀、清热解毒。主治虚劳、消化不良、水肿、腰痛、盗汗、产后瘀血。

金线鱼科 Nemipteridae

金线鱼 *Nemipterus virgatus*

【中文名】：金线鱼 jīn xiàn yú
【拉丁名】：*Nemipterus virgatus*
【科　属】：金线鱼科金线鱼属

【形态特征】：体呈纺锤形，侧扁，背缘弧形隆起较腹缘大。头部中等大小，稍尖，眼较大，位于头部的侧上方。口大且位于头部的端部。眼下缘在吻端到胸鳍基底上缘连线的上方。体被薄而大栉鳞，侧线完整。背鳍连续，无缺刻，背鳍基部及边缘呈淡粉红色，有黄色纵纹。臀鳍也为淡粉红色，有 2 条黄色纵纹。尾鳍分叉，上叶末端延长成丝状，呈粉红色，丝状部分为黄色。身体上方及背部呈粉红色，腹部为银白色，体侧具有 5 ~ 6 条金黄色纵带。侧线起始处下方有长卵形淡红色斑点。

【采集与分布】：全年均可捕捞。捕后剖腹，去除内脏及鳞片，取肉洗净，鲜用。分布于中国广西、广东、福建、台湾、海南、浙江等沿海海域。

【药用价值】：滋阴补虚、益肾填精。适用于虚劳羸弱、肾虚滑精。

日本金线鱼 *Nemipterus japonicus*

【中文名】：日本金线鱼 rì běn jīn xiàn yú
【拉丁名】：*Nemipterus japonicus*
【科　属】：金线鱼科金线鱼属

【形态特征】：体延长且侧扁，体高度在背鳍起点处最高，尾柄侧扁。头部中等大小，吻呈钝圆，眼较大且高，位于侧面。口稍微倾斜且中等大小，两颌近乎等长，上颌骨位于眶前骨下，其后端达到眼前缘下方。上颌前端有 8 个较大的圆锥牙，下颌无犬牙，牙细小成带状。犁骨、颚骨及舌上无牙。前鳃盖骨后缘平滑，无棘。体被薄栉鳞，侧线高位且完整。背鳍和臀鳍基底无鳞，尾鳍基部有细小鳞片。背鳍鳍棘部与鳍条部完全连接，鳍棘细且尖锐，鳍膜完整无波状凹陷，背鳍起点在胸鳍基上方，最后 2 条鳍条最长。臀鳍起点在背鳍鳍条部下方，第三个鳍棘最长，最后 2 条鳍条也最长。胸鳍中等大小，呈镰刀状。腹鳍位于胸鳍基底下方稍后，末端不达肛门。尾鳍叉形，上叶末端延长成丝状。生活时，全体呈浅红色，体侧具有 8 条黄色纵带。背鳍基底及边缘黄色，臀鳍沿腹部黄色，腹鳍腋部也为黄色，尾鳍上叶为黄色。

【采集与分布】：全年均可捕捞。捕后剖腹，去除内脏及鳞片，取肉洗净，鲜用。分布于中国广西、广东、福建、台湾、海南、浙江、上海等沿海海域。

【药用价值】：滋阴补虚、益肾填精。适用于虚劳羸弱、肾虚滑精。

六齿金线鱼 *Nemipterus hexodon*

【中文名】：六齿金线鱼 liù chǐ jīn xiàn yú
【拉丁名】：*Nemipterus hexodon*
【科　属】：金线鱼科金线鱼属

【形态特征】：体长是体高的 2.6 ～ 3.0 倍，且是头长的 3.2 ～ 3.4 倍。头长是吻长的 3.0 ～ 3.4 倍，大约是眼睛直径的 3.4 ～ 4.0 倍。尾柄的长度为其高度的 1.3 ～ 1.8 倍。体呈延长的侧扁形状，背部和腹部都是圆钝的，尾柄侧扁。头部大小适中，吻部钝而尖。眼睛较大，位于头部的上侧，眼睛直径约等于眶前骨的长度，距离吻端和鳃盖后上角的距离大致相等。每侧有 2 个鼻孔。口部较大，位于前端，略微倾斜。上下颌长度几乎相等。上颌骨被眶前骨所覆盖。两颌前端各有 6 枚较大的尖圆锥形犬齿，而后方的牙齿则非常细小。犁骨、腭骨和舌上没有牙齿。前鳃盖骨的边缘平滑，鳃盖骨上没有棘。鳃耙短而钝，呈结节状，末端有细刺。背鳍和臀鳍基部没有鳞鞘，尾鳍基部有细鳞。侧线完整，位于上侧，与背缘平行。背鳍单一，棘部与条部相连，中间没有空隙，起点位于胸鳍基部的上方，鳍棘细长而尖锐，各鳍棘长度大致相等，棘间膜完整，边缘没有波状凹陷，鳍条较长，其中倒数第二条鳍条最长，长度超过了最长的鳍棘。臀鳍起点在背鳍条部下方，与背鳍条部形状相同。胸鳍呈镰刀形。腹鳍位于胸鳍基部下方，末端稍微超过肛门。尾鳍分叉，上下叶末端不延长成丝状。六齿金线鱼体粉红色，带银色光泽，腹部色淡。体侧在侧线下方有 6 ～ 8 条黄色纵带。侧线起始处下方具 1 黄斑。背鳍淡粉色，近鳍基有 1 条黄色纵带，背鳍边缘黄色。

【采集与分布】：全年均可捕捞。捕后剖腹，去除内脏及鳞片，取肉洗净，鲜用。分布于中国广西、广东、福建、台湾、海南、浙江等沿海海域。

【药用价值】：滋阴补虚、益肾填精。适用于虚劳羸弱、肾虚滑精。

缘金线鱼 *Nemipterus marginatus*

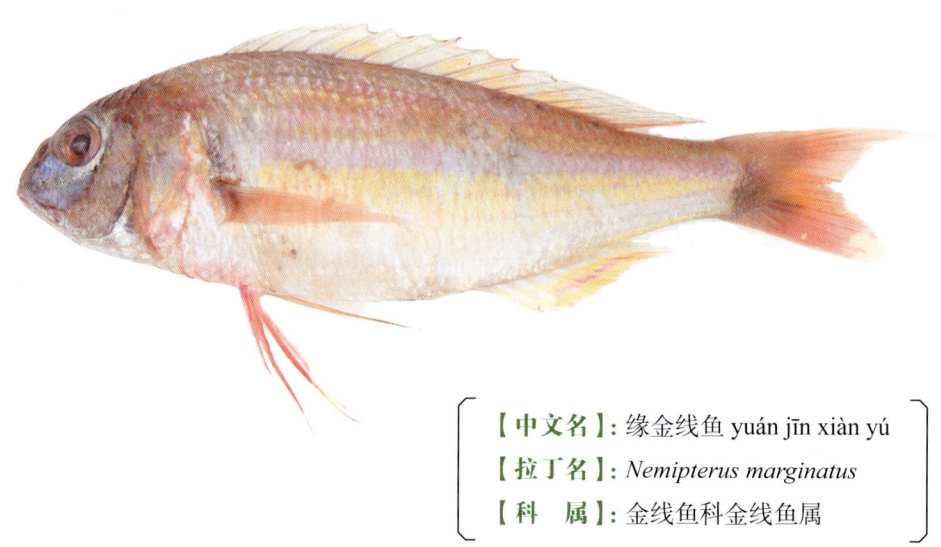

【中文名】: 缘金线鱼 yuán jīn xiàn yú
【拉丁名】: *Nemipterus marginatus*
【科 属】: 金线鱼科金线鱼属

【形态特征】: 体延长, 侧扁。吻钝尖。眼中大, 侧位而高。眼间隔微凸。口中等大, 前位。上下颌约等长。上颌骨被眶前骨所遮盖。两颌两侧具绒毛状牙带, 上颌前端具圆锥状大牙 3 ~ 4 对, 下颌前端牙不扩大。犁骨、腭骨及舌上无牙。体被中大弱栉鳞; 吻部和眼下部无磷。侧线完全。背鳍 1 个, 鳍棘部与鳍条部完全相连, 中间无缺刻; 鳍棘细而尖锐, 各鳍棘间鳍膜完全, 边缘无波状凹刻。臀鳍与背鳍鳍条部相对, 鳍条较高。胸鳍较长, 末端可伸达肛门。腹鳍位于胸鳍基底下方, 末端伸越肛门。尾鳍又形, 上叶末端呈丝状延长。体背侧桃红色, 腹侧珍珠浅粉色, 全身具银色光泽。体侧有 2 条较宽的浅黄色纵带。背鳍灰蓝色, 其边缘红色, 中部有 1 条黄色纵带, 在鳍条部后方分成 3 条平行的细纵带。臀鳍灰蓝色, 有 2 条平行的黄色纵带。尾浅红色, 上叶的丝状延长呈红色。

【采集与分布】: 全年均可捕捞。捕后剖腹, 取肉洗净鲜用。分布于中国南海、马六甲海峡、苏门答腊和爪哇南部海岸、澳大利亚北部和巴布亚湾, 至所罗门群岛。

【药用价值】: 滋阴补虚、益肾填精。适用于虚劳赢弱、肾虚滑精。

深水金线鱼 *Nemipterus bathybius*

【中文名】：深水金线鱼 shēn shuǐ jīn xiàn yú
【拉丁名】：*Nemipterus bathybius*
【科　属】：金线鱼科金线鱼属

【形态特征】：体延长，侧扁。头部中等大小。眼睛下缘与吻端到胸鳍基部上缘的连线相切或位于其下方。吻部钝尖，眼睛较大，位于头部上侧。口中等大，前位，微微倾斜。上颌骨被眶前骨遮盖。上下颌前端各有 3 ~ 4 对圆锥牙，后方两侧有细小牙齿。犁骨、腭骨和舌上均无牙齿。前鳃盖骨边缘光滑；鳃盖骨无棘。身体覆盖弱栉鳞；眼间隔、吻部和眼下部无鳞。背鳍 1 个，鳍棘部与鳍条部相连，中间无缺刻；鳍棘细尖，各鳍棘间的鳍膜完整。臀鳍与背鳍的鳍条部形状相同且相对。胸鳍呈镰刀状。腹鳍位于胸鳍基底稍后，末端超过肛门。尾鳍为叉形，上叶末端延伸成丝状。身体桃红色，略带蓝紫色光泽。体侧有两条亮黄色纵带，腹部靠近腹缘也有 1 条黄色带。背鳍淡粉色，鳍膜上散布金黄色波纹，边缘为红色。腹鳍基部为黄色。尾鳍上叶的延长丝为黄色。

【采集与分布】：全年均可捕捞。捕后剖腹，去除内脏及鳞片，取肉洗净，鲜用。分布于中国广西、广东、福建、台湾、海南、浙江等沿海海域。

【药用价值】：滋阴补虚、益肾填精。适用于虚劳羸弱、肾虚滑精。

蓝子鱼科 Siganidae

点蓝子鱼 *Siganus guttatus*

【中文名】：点蓝子鱼 diǎn lán zǐ yú
【拉丁名】：*Siganus guttatus*
【科　属】：蓝子鱼科蓝子鱼属

【形态特征】：体呈椭圆形且侧扁，体长通常是体高的 1.8 ~ 2.2 倍。头部较小，吻部尖锐，但不形成吻管。眼大，侧位。口小，前下位；下颌短于上颌，几乎被上颌所包裹；上下颌具细齿 1 列。体被小圆鳞，颊部前部具鳞，喉部中线具鳞；侧线上鳞列数 20 ~ 25。背鳍单一，棘与软条之间无明显缺刻；尾柄较粗，尾鳍呈微凹状。体侧上方为暗蓝色，下方浅而带银灰色；从吻部延伸至鳃缘有黄色曲线纹，边缘镶有蓝色线条。体侧布满了大型的金棕色圆斑，斑点间的间距大于斑点本身，但下方的斑点较小且较密。背鳍基部末端下方有 1 个橙色斑。离水后，体侧斑点呈红褐色。

【采集与分布】：全年均可捕获。分布于中国南海、日本沿海、马来半岛周边及印度沿岸等。

【药用价值】：蓝子鱼胆清热解毒、生肌敛疮、活血散瘀。适用于皮肤溃疡、中耳炎、疮疖肿毒、胆囊炎、跌打损伤。

褐蓝子鱼 *Siganus fuscescens*

【中文名】：褐蓝子鱼 hè lán zǐ yú

【拉丁名】：*Siganus fuscescens*

【科　属】：蓝子鱼科蓝子鱼属

【形态特征】：身体侧扁，侧面呈长椭圆形；头部相对较小；身体覆盖着细小的圆鳞，这些鳞片几乎完全嵌入皮肤之下；侧线完整，没有中断；尾柄细长。在幼鱼阶段，尾鳍的后缘呈现浅凹形，而在成鱼阶段，尾鳍则为叉形。体背部呈现出黄绿色并带有褐色，腹部则是灰黄色，体侧则布满了浅色的小斑点。各鳍为黄褐色，尾鳍布有颜色深浅不一的条纹和斑点。

【采集与分布】：全年均可捕捞。捕后取胆洗净，鲜用或晒干备用。分布于中国广西、广东、福建、台湾、海南、江苏、山东、河北、天津、辽宁等沿海海域。

【药用价值】：补中益气、除湿退黄、益肾助阳、祛湿止泻、暖脾胃、疗痔、止虚汗。适用于皮肤溃疡、中耳炎、疮疖肿毒、胆囊炎、跌打损伤。

马鲅科 Polynemidae

多鳞四指马鲅 *Eleutheronema rhadinum*

> 【中文名】：多鳞四指马鲅 duō lín sì zhǐ mǎ bà
> 【拉丁名】：*Eleutheronema rhadinum*
> 【科　属】：马鲅科四指马鲅属

【形态特征】：背鳍Ⅷ，Ⅰ-14；臀鳍Ⅲ-15；胸鳍18+4；腹鳍Ⅰ-5。侧线鳞85～88。体延长，侧扁。体长为体高的3.9～4.1倍，为头长的3.3～3.8倍。头中大，前端圆钝。头长为吻长的5.4～8.1倍，为眼径的4.7～5.4倍。吻部短而圆润，与眼睛的直径大致相同。眼睛较大，位于头部前端，到鳃盖后缘的距离是到吻端距离的4倍。脂眼睑非常发达，眼间隔宽阔，超过眼径的1倍。每侧有2个鼻孔，位于眼睛前方，且彼此靠近，前鼻孔呈圆形，而后鼻孔则是裂缝状。口部宽大，位于下方。除了下颌靠近口角处有唇外，其他部分没有唇。牙齿细小且呈绒毛状，分布在上下颌，部分牙齿外露。舌体大，位于口腔前部，前端圆润且自由活动，舌上没有牙齿。鳃孔大；鳃盖膜不与峡部相连，7条鳃盖；前鳃盖骨后缘具细锯齿。鳞为栉鳞，中等大，除吻侧和峡部外全部被鳞。第二背鳍、尾鳍及臀鳍均被细鳞；胸鳍腋部和腹鳍基底上方有大形鳞瓣，两腹鳍中间有1个三角形鳞瓣。侧线平直，伸至尾鳍下叶端部。背鳍2个，相距较远。第一背鳍具8鳍棘，起点距第二背鳍起点较吻端为近，鳍棘细弱，第三、第四鳍棘最长，其余依次短小。第二背鳍具1鳍棘，14鳍条，起点距尾鳍基底较吻端为近，后缘凹形。臀鳍与第二背鳍相似，具3鳍棘，15鳍条，起点于第二背鳍第三或第四鳍条下方。胸鳍中长，低位，其下部具游离丝状鳍条，其长约与胸鳍最长鳍条相等。腹鳍约位于胸鳍中部下方，其长小于头长的二分之一。尾鳍深叉形，上下叶约等长。腹膜浅黄色。背部和侧面呈灰青色带黄色，腹部为银白色。背鳍、臀鳍和尾鳍都是灰色，胸鳍后部为黑色，腹鳍为白色。

【采集与分布】：春季、夏季捕捞，捕后剖腹，去除内脏，洗净，取肉鲜用。中国各沿海海域均有分布。

【药用价值】：健脾开胃、消食化滞、清热解毒、止咳化痰。适用于食积不化、饮食积滞、百日咳、咽喉肿痛等病症。

【中文名】：六丝多指马鲅 liù sī duō zhǐ mǎ bà

【拉丁名】：*Polynemus sextarius*

【科　属】：马鲅科多指马鲅属

【形态特征】：体延长而侧扁，后眼眶长度小于第二背鳍起点处体高的四分之三。头部中等大小，前端圆钝。吻短而圆。侧线起点处有1个黑斑。眼较大，长度超过吻长，位于头部前部；脂性眼睑发达。口大，下位，口裂接近水平；下颌唇发达，但未达到下颌缝合处，牙齿不分布于颌外；上下颌两侧均有牙齿，外侧没有小齿；犁骨齿退化；腭骨有齿。鳔不具侧枝。身体覆盖栉鳞，背、臀及胸鳍基部均具鳞鞘，而胸鳍及腹鳍基部腋鳞长而尖，两腹鳍间另具1个三角形鳞瓣；侧线直且向后方缓慢倾斜。背鳍有2个；胸鳍长于头长，下侧位，上部胸鳍条不分叉，下部有6枚游离的丝状软条；尾鳍深叉，上下叶不延长如丝。体背部呈灰绿色，体侧银白。

【采集与分布】：全年均可捕捉。捕后剖腹，取出内脏弃之，洗净，取肉鲜用。分布于中国东海、南海及台湾沿海；非洲东岸至太平洋西部各大陆沿海亦有分布。

【药用价值】：健脾开胃、消食化滞、清热解毒、止咳化痰。主治消化不良、饮食积滞、百日咳、扁桃体炎等症。

鮨科 Serranidae

橙点石斑鱼 *Epinephelus bleekeri*

【中文名】：橙点石斑鱼 chéng diǎn shí bān yú
【拉丁名】：*Epinephelus bleekeri*
【科　属】：鮨科石斑鱼属

【形态特征】：体呈现长椭圆形且侧扁，背腹缘的弧度都不大。眼睛中等大小，位于头部的侧上方，靠近吻端。眼间隔平坦且宽阔，宽度超过眼睛直径。嘴巴较大，呈倾斜状，下颌略长于上颌。上颌骨的后端扩大，能够延伸至眼眶后缘的下方。上下颌的前端各有 2 小圆锥形牙齿，两侧则布满了多行不规则的细小牙齿，上颌前端中央向后倒的区域有 1 组能活动的牙齿丛。前鳃盖骨的后缘有细小的锯齿，而下缘则平滑。胸鳍宽大，后缘圆形。腹鳍较小，位于胸鳍基后下方。尾鳍圆形或近截形。

【采集与分布】：全年均可捕捉，捕获后，去肠杂和鳞，洗净入药。分布于中国台湾海峡及南海；印度洋、印度尼西亚等海域均有分布。

【药用价值】：健脾益气、温胃、祛寒、止泻、补血、滋补强壮、安神。适用于脾胃虚寒泄泻、胎动不安、产后缺乳、痈疡溃后久不愈合、神志不安、心悸、失眠、健忘、头晕、神经衰弱、营养不良、体虚、水肿、月经不调。

斜带石斑鱼 *Epinephelus coioides*

【中文名】：斜带石斑鱼 xié dài shí bān yú

【拉丁名】：*Epinephelus coioides*

【科　属】：鮨科石斑鱼属

【形态特征】：体呈长椭圆形，侧扁而粗壮，背缘和腹缘呈浅弧形。头较大，吻圆钝，眼中大且位于上侧。口大，前位且稍倾斜，下颌稍突出。上颌前端具1对较大圆锥牙及可向后倒伏的牙丛，两侧外行牙较大，内行牙呈绒毛状；下颌牙排列不规则。犁骨和腭骨具绒毛状牙，前鳃盖骨后缘具细锯齿，下缘光滑，鳃盖骨后缘具3扁棘，鳃耙细扁。体被细小栉鳞，头部除上下颌及颊部外均被鳞，侧线从头部延伸至尾部。背鳍鳍棘部与鳍条部相连，无缺刻。臀鳍与背鳍鳍条部同形、相对。胸鳍宽大，后缘圆形，腹鳍位于腹部，尾鳍圆形。体呈棕褐色，腹部较浅，头部和体侧散布橙色或褐色斑点，体侧有5条隐约的暗色斜横带，横带边缘具较大的橙褐色斑点，最后一条位于尾柄。各鳍呈棕褐色，亦具褐色斑点。

【采集与分布】：全年均可捕捞。捕后剖腹，去除内脏及鳞片，洗净入药。分布于中国广西、台湾等沿海海域。

【药用价值】：健脾益气、温胃祛寒、涩肠止泻、养血安神。适用于脾胃虚寒泄泻、胎动不安、产后缺乳、痈疡溃后久不愈合、神志不安、心悸、失眠、健忘、头晕、营养不良、体虚、水肿、月经不调等病症。

中国花鲈 *Lateolabrax maculatus*

【中文名】：中国花鲈 zhōng guó huā lú
【拉丁名】：*Lateolabrax maculatus*
【科　属】：鮨科花鲈属

【形态特征】：背部呈现隆起状，而腹部则相对平坦。尾部的基部细长，吻部尖锐。口部宽阔，位于前端。前鳃盖骨的边缘带有细小的锯齿，后角的下缘则有 3 根较大的刺，后鳃盖骨的末端也有 1 根刺。鳞片细小，侧线完整且呈直线状。背鳍的棘部与条部之间有明显的凹陷，其中第五棘最长；臀鳍的起点位于背鳍第四条鳍条的下方，包含 3 根棘刺。胸鳍形状狭长，略短于腹鳍；腹鳍位于胸鳍基部的下方；尾鳍呈浅分叉状，上叶和下叶长度相近。体色为青灰色，背部颜色较深，腹部则为灰白色；体侧和背鳍之间的膜上散布着黑色的小斑点，背鳍和臀鳍的条部，以及尾鳍的边缘和下叶部分都呈现灰黑色。

【采集与分布】：全年均可捕捞。捕后剖腹，去除内脏及鳞片，洗净，取肉鲜用。中国各沿海海域均有分布。

【药用价值】：健脾胃、益肝肾、益气安胎、祛寒止泻、止咳化痰、行水消肿。适用于脾虚泄泻、食积不化、小儿疳积、百日咳、水肿、风痹、筋骨痿弱、胎动不安、产后缺乳、疮疡久不愈合等病症。

鲭科 Scombridae

康氏马鲛 *Scomberomorus commersoni*

【中文名】：康氏马鲛 kāng shì mǎ jiāo
【拉丁名】：*Scomberomorus commersoni*
【科　属】：鲭科马鲛属

【形态特征】：体呈纺锤形，侧扁，背缘和腹缘呈浅弧形隆起，尾柄细长，具有 3 条隆起的嵴，中央嵴高而长，两侧嵴较低矮。头部中等大小，头背圆钝，吻尖长。眼较大且位于头部的上侧。口大且前位，稍微倾斜，上下颌近乎等长，各具 1 行强大而尖锐的牙齿，呈侧扁三角形，12～16 枚，排列稀疏。犁骨及颚骨上的牙呈细毛状。前鳃盖骨和鳃盖骨边缘平滑无棘。体被细小的圆鳞，易于脱落，侧线鳞较大且明显，腹部大部分裸露无鳞。有 2 个稍分离的背鳍，第一背鳍具细弱的鳍棘，部分可折叠于背沟内；第二背鳍与臀鳍形状相似，前部鳍条稍长，后方分别有 9 个和 8 个分离小鳍。胸鳍尖锐，腹鳍小且位于胸鳍基底处。尾鳍为深叉形。体背部呈灰蓝色，带有绿色光泽，腹部为灰白色，体侧具有不规则的灰蓝色横纹。

【采集与分布】：全年均可捕捞。捕后剖腹，洗净，取肉鲜用。分布于中国广西、广东、福建、台湾、海南等沿海海域。

【药用价值】：滋补强壮、健脾益胃、止咳平喘。适用于病后及产后体虚、早衰、贫血、失眠、体虚咳喘、疥疮等病症。

鲹科 Carangidae

卵形鲳鲹 *Trachinotus ovatus*

【中文名】：卵形鲳鲹 luǎn xíng chāng shēn
【拉丁名】：*Trachinotus ovatus*
【科　属】：鲹科鲳鲹属

【形态特征】：体呈长椭圆形，高且侧扁，尾柄短细且侧扁。头部小，高度大于长度，枕骨嵴明显。吻钝，前端近截形，眼小且位于前部，脂眼睑不发达。口小且略倾斜，口裂始于眼下缘水平线上，前颌骨能伸缩。上颌后端达瞳孔前缘或稍后下方。上下颌、犁骨、颚骨均有绒毛状牙，随着成长，牙齿逐渐退化，两唇有许多绒毛状小突起。头部除眼后部被鳞外其余部分均裸露无鳞，身体和胸部鳞片大多埋于皮下。第一背鳍具有 1 枚向前平卧倒棘和 6 枚鳍棘，棘短而强，鱼小时棘间有膜相连，鱼大时退化成游离状。第二背鳍有 1 枚鳍棘和 19～20 条鳍条，前部呈镰刀状。臀鳍与第二背鳍同形，具有 1 枚鳍棘和 17～18 条鳍条，前方有 2 枚鳍棘，鳍基长度与第二背鳍略等，但均显著长于腹部。胸鳍较宽，短于头长。尾鳍呈叉形。背部呈蓝青色，腹部为银白色，整体带有淡黄色至金黄色的色彩。体侧无黑点，奇鳍边缘为浅黑色。

【采集与分布】：广泛分布于印度洋、太平洋和大西洋的温带和热带海域。在中国的东海、南海、台湾海峡等海域亦有分布。

【药用价值】：益气养血、补胃益精、滑利关节、柔筋利骨。

蓝圆鲹 *Decapterus maruadsi*

【中文名】：蓝圆鲹 lán yuán shēn
【拉丁名】：*Decapterus maruadsi*
【科　属】：鲹科圆鲹属

【形态特征】：侧线普通鳞48～60，棱鳞32～38。体长是体高的3.4～4.8倍，是头长的4～4.2倍。体呈现长圆形或纺锤形，轻微侧扁。头部近似圆锥形，头长是吻长的2.7～3.8倍，同时是眼径的3.4～4.8倍。具有发达的脂眼睑，仅在瞳孔处留有1条细长的缝隙。口部大且倾斜。两颌各有1行细小的牙齿，犁骨上的牙丛呈"丁"字形，而腭骨和舌上的牙齿则形成带状。肩带下角存在1个凹沟。第一鳃弓上的鳃耙细小且密集，数量在12～15+33～38之间。身体和胸部覆盖着小圆鳞，第二背鳍和臀鳍的基底有1层低矮的鳞鞘。侧线的弯曲部分等于或略长于直线部分，棱鳞可能覆盖直线部分的全部或大部分，最大的棱鳞大小超过眼径的一半。第一背鳍中第三鳍棘最长，甚至长于最长的鳍条。第二背鳍与臀鳍形状相似，后面各有1个小鳍。胸鳍的长度与头部相等。腹鳍位于胸部。尾鳍分叉。鱼的背部为蓝灰色，腹部为银白色。鳃盖的后上角有1个黑斑。第二背鳍的尖端略微呈现白色。

【采集与分布】：全年均可捕捞。捕后去除内脏及鳞片，洗净，鲜用。中国各沿海海域均有分布。

【药用价值】：健脾益气、消食化积。适用于脾虚乏力、食欲不振、久痢、咯血等病症。

竹荚鱼 *Trachurus japonicus*

【中文名】：竹荚鱼 zhú jiá yú
【拉丁名】：*Trachurus japonicus*
【科　属】：鲹科竹荚属

【形态特征】：体呈亚圆筒形，轻微侧扁。吻部尖锐。具有发达的脂性眼睑，前部延伸至眼睛前缘，后部接近瞳孔后缘，仅留下半圆形的缝隙。上下颌各有1行细齿，锄骨、腭骨和舌面也长有牙齿。胸部完全覆盖着鳞片。具有2个背鳍。侧线从起点到第二背鳍起点下方几乎呈直线，然后斜向下延伸至第二背鳍的第7～9鳍条下方，再次变为直线；侧线上覆盖着高而坚固的棱鳞。背部还有1条副侧线，沿背鳍基底延伸至第二背鳍基部起点下方。无游离鳍。尾柄低矮，尾鳍深叉。两个背鳍共有9根硬棘和32根软条；臀鳍有3根硬棘和27～29根软条；胸鳍有20～21根软条；腹鳍有1根硬棘和5根软条；侧线位置的棱鳞数为71～72。背部颜色为蓝绿色或黄绿色，腹部为银白色。鳃盖后缘上方有1个明显的黑斑。背鳍颜色较暗，胸鳍颜色较淡，其他各鳍为黄色。

【采集与分布】：全年均可捕捞。捕后去除内脏及鳞片，洗净入药。中国各沿海海域均有分布。

【药用价值】：清热解毒、消肿排脓。主治疮疖。

乌鲳 *Parastromateus niger*

【中文名】：乌鲳 wū shēn
【拉丁名】：*Parastromateus niger*
【科　属】：鲳科乌鲳属

【形态特征】：体呈椭圆形，侧扁且较高，背侧和腹侧边缘都非常突出。尾柄两侧各有1条明显的隆起。头部大小适中，呈扁平状。吻部钝圆，眼睛较小，周围的脂肪层不发达。口部较小，位于前端且略微倾斜。上下颌长度相近，上颌末端几乎触及眼睛前缘下方。上下颌各有1排细小而尖锐的牙齿，排列稀疏，而颚骨和舌面上没有牙齿。颊部、鳃盖、头部后方、身体以及各鳍的基部都覆盖着细小的圆形鳞片。侧线略显弯曲，直至尾柄处逐渐变为直线。尾柄处的侧线鳞片较大，每片鳞片后端都有1个向后的棘，这些棘相互连接，形成一条隆起的脊线。第一背鳍由4根棘组成，在幼鱼中较为明显，成年后则隐藏在皮肤下。第二背鳍基部较长，第3～5鳍条为最长。臀鳍基部同样较长，形状与第二背鳍相似，前端没有独立的棘。胸鳍较长，呈镰刀形。腹鳍位于喉部，在幼鱼期可见，成年后逐渐消失。尾鳍呈叉形，上下方长度相近。鱼的头部、躯干和各鳍均为深褐色，鳃盖后缘靠近胸鳍处有一个深色斑点，背鳍、臀鳍和尾鳍的边缘颜色较淡。

【采集与分布】：全年均可捕捉。捕后去除内脏，取肉洗净鲜用。分布于中国沿海海域；朝鲜半岛、日本、印度洋北部沿岸亦有分布。

【药用价值】：益气健胃。主治体虚乏力、食欲不振。

石首鱼科 Sciaenidae

▌大黄鱼 *Larimichthys crocea*

【中文名】：大黄鱼 dà huáng yú
【拉丁名】：*Larimichthys crocea*
【科　属】：石首鱼科黄鱼属

【形态特征】：体型延长，侧扁，体侧腹面有多列发光颗粒；头部钝尖。口裂大，端位，倾斜，吻不突出，上下颌长度相等，上颌骨后缘达到眼眶后缘；上颌最外列牙齿扩展为犬齿，前端牙齿较大但稀疏，中央无齿；下颌内列牙齿较大，外列牙齿紧贴内列，前端中央聚成一簇。吻缘孔有 5 个，中央缘孔位于吻缘叶上方，内外侧缘孔沿吻缘叶侧裂，吻缘叶完整未被分割；吻上孔有 3 个呈弧形排列，中央上孔为直列缝型，外侧上孔为圆形；颏孔有 4 ~ 6 个，中央 4 孔呈四方排列在颏缝合周围，前 2 孔细小。鼻孔 2 个，长圆形的后鼻孔较圆形的前鼻孔大。眼眶下缘延伸至前上颌骨顶端水平线。前鳃盖后缘有锯齿，鳃盖有 2 扁棘；具拟鳃；鳃耙细长，最长的鳃耙与鳃丝等长。头部除头顶后部外均被圆鳞，体侧前三分之一被圆鳞，其余被栉鳞；鳞片较小，背鳍与侧线间有 8 ~ 9 列鳞。耳石呈盾形。臀鳍鳍条 7 ~ 9 条，通常 8 条，腹鳍基起点位于胸鳍基上缘垂线之后；尾鳍楔形。腹腔膜墨黑色，胃呈"卜"字形，肠为 2 次回绕型，幽门垂 16 个。鳔前部圆形，不突出为侧囊，后端细尖；侧枝 31 ~ 33 对，每个侧枝具有腹分枝及背分枝，背分枝呈翼状展开，腹分枝分为上下两小枝，下小枝又分为前后两小枝，前后两小枝等长，互相平行，沿腹膜下延伸至腹面。体侧上半部为黄褐色，下半部每片鳞下都有金黄色腺体。背鳍浅黄褐色；尾鳍浅黄褐色，末缘黑褐色；臀、腹及胸鳍为鲜黄色。口腔内白色，口缘浅红色。

【采集与分布】：全年均可捕捞。捕后并去除内脏，鱼肉鲜用或阴干制成鱼干备用。将鱼鳍剪下晾干，即为黄鱼鳍，置干燥通风处储藏备用。剖腹时取出鱼鳔、精巢，洗净阴干，备用。鱼胆鲜用，鱼肝取出洗净，集中足量下锅炼油将油滤出即为石首鱼肝油，备用。切取鱼头、洗净，阴干备用。将颅骨内最大的鱼脑石（耳石）取出，晾干备用，用时将耳石放铁勺内，上倒盖一碗，在火上煅之使爆裂，取出放凉，再研末。分布于中国黄海南部、东海、台湾海峡、南海海域。

【药用价值】：开胃消食、益气健脾、滋补肝肾、明目安神、解毒止痢。主治产后体虚、乳汁不足、肾虚腰痛、水肿、视物昏花、头痛、胃痛、食积腹胀、食欲不振、消化不良、泻痢。患风疾、痰疾及疮疡者慎服。

尖头黄鳍牙䱛 *Chrysochir aureus*

【中文名】：尖头黄鳍牙䱛 jiān tóu huáng qí yá huò

【拉丁名】：*Chrysochir aureus*

【科　属】：石首鱼科黄鳍䱛属

【形态特征】：体延长且侧扁，头部呈现上下扁平的三角形状。吻部略微突出，上颌较下颌长，当口闭合时，上颌外列的犬齿会外露，而下颌最内列的牙齿则较为扩大。吻缘有5个孔，沿吻缘叶侧裂分布，外侧缘孔处吻缘叶呈现三片状；吻上孔有3个，呈弧形排列；颏孔有6个，中央两个非常接近，内侧颏孔为长缝形，外侧为尖锥形。有2个鼻孔，长圆形的后鼻孔比圆形的前鼻孔大。眼眶下缘与前上颌骨末端水平线之间有一小段间隙。前鳃盖边缘有锯齿，鳃盖有2个扁棘；存在拟鳃；鳃耙细长，最长的鳃耙略短于鳃丝。吻端、眼周围、颊部及喉部覆盖着圆鳞，其余部分则被栉鳞覆盖；背鳍软条基部有3列鞘鳞，尾鳍基部有小圆鳞。胸鳍基部上缘位于腹鳍基部起点之前，稍低于鳃盖末端；腹鳍基部起点略前于背鳍起点；尾鳍为尖形。腹腔膜有灰褐色斑点，胃呈"卜"字形。体侧上半部为紫褐色，下半部为白色；背鳍棘部为浅褐色，软条部鳍基的上三分之一以上为黄褐色；尾鳍为褐色，上下缘为黄色；臀鳍和腹鳍的前半部为橙黄色，后半部为黄褐色细斑；胸鳍为橙黄色，鳍基内缘有1个深褐色斑；鳃盖为青紫色，鳃腔为黑色；口腔为粉红色。

【采集与分布】：广泛分布于印度－西太平洋地区，在中国东海、南海以及台湾西部海域亦有分布。

【药用价值】：开胃、益气。

条纹叫姑鱼 *Johnius fasciatus*

【中文名】：条纹叫姑鱼 tiáo wén jiào gū yú

【拉丁名】：*Johnius fasciatus*

【科　属】：石首鱼科叫姑鱼属

【形态特征】：背鳍X，I–28，臀鳍II–7，胸鳍18，腹鳍I–5。侧线鳞52。鳃耙4+11。体长为体高的3.2倍，为头长的3.5倍。头长为吻长的3.2倍，为眼径的4.2倍。身体呈延长且侧扁，背部呈现广弧形，而腹部较为平坦，尾柄长度适中。头部侧扁且短钝，吻部圆突。吻部边缘分离，形成四片吻叶，其中中间两片较小且不明显，侧叶较大且显著，吻缘具有5个小孔，中间吻缘孔较大且呈凹入的圆形，侧吻缘孔为裂缝状，位于吻叶外侧和吻叶之间。眼睛大，位于上侧。眼间隔轻微隆起，宽度与眼径大致相等。每侧有两个鼻孔，前鼻孔小而圆，后鼻孔较大且呈长圆形，位于眼睛前方。口小且位置较低，口裂平行。上颌骨后端延伸至眼中部下方。上下颌的牙齿为绒毛状，排列成牙带，上颌的外行牙齿稍大且排列较为稀疏，下颌牙齿大小相等。颏孔呈现"似五孔型"，中央颏孔1对且相互靠近，中间有肉垫，肉垫下陷时形成浅孔，内侧和外侧颏孔也存在。没有颏须。鳃孔宽敞。前鳃盖骨边缘有细锯齿。鳃盖膜不与峡部相连。鳃耙细小且短。肛门位于臀鳍前方。身体覆盖栉鳞，头部除了吻端外均被鳞片覆盖，背鳍和臀鳍的鳍条部分有超过三分之二被小圆鳞覆盖。侧线完整，呈弧形，向后几乎延伸至尾鳍末端。背鳍连续，鳍棘部和鳍条部之间有深凹，起点位于胸鳍基底后上方，第一鳍棘短，约为第二鳍棘的五分之一，第二和第三鳍棘最长，长度大于眼后头长。臀鳍起点在背鳍第十三鳍条下方，第一鳍棘短小，第二鳍棘较长，约为眼径的 1.6 倍。胸鳍尖长，长度约等于吻后头长。腹鳍起点在胸鳍基底后下方，长度约与胸鳍相等，外侧第一鳍条丝状延长。尾鳍呈楔形。背部颜色较深，腹部颜色较浅，体侧上方有 8 条灰黑色的宽横纹。腹鳍和臀鳍为灰黑色，其余各鳍边缘为黑色。

【采集与分布】：全年均可捕捞。捕后剖腹，取出鱼鳔，洗净，阴干备用。鱼肉可直接鲜用。分布于中国广西、广东、福建、台湾、海南等沿海海域。

【药用价值】：肉可补肾利水、消食、活血化瘀，鱼鳔可利水消肿、补肾。适用于慢性肾炎、水肿、产后腹痛。

勒氏枝鳔石首鱼 *Dendrophysa russelii*

【中文名】：勒氏枝鳔石首鱼 lè shì zhī biào shí shǒu yú
【拉丁名】：*Dendrophysa russelii*
【科　属】：石首鱼科枝鳔石首鱼属

　　【形态特征】：身体延长且侧扁的形状，吻部圆润突出。在吻部上方有 3 个孔，吻缘处同样有 3 个孔，颏部有 5 个孔，且颏部带有一根短须，须的长度小于眼径。背鳍包含 10 ~ 11 个鳍棘和 24 ~ 28 条鳍条，臀鳍则有 2 个鳍棘和 7 条鳍条，尾鳍的形状为楔形。鳔的前部没有侧囊，而在两侧共有 15 ~ 17 对侧肢。

　　【采集与分布】：分布于印度 - 太平洋地区，其分布范围从印度和斯里兰卡向东延伸，涵盖了中国南部、菲律宾以及印度尼西亚。

　　【药用价值】：开胃消食、益气健脾、滋补肝肾、明目安神、戒毒止痢。

棘头梅童鱼 *Collichthys lucidus*

【中文名】：棘头梅童鱼 jí tóu méi tóng yú
【拉丁名】：*Collichthys lucidus*
【科　属】：石首鱼科梅童鱼属

【形态特征】：体型延长，侧扁，背缘呈浅弧形，腹缘较为平直；尾柄细长。头部较大，圆钝，额部隆起，黏液腔发达。头部枕骨棘棱显著，除前后2棘外，中间还有2～3枚小棘。吻部短而钝。吻褶完整，不分叶。吻上孔3个；吻缘孔5个。眼睛较小，位于上侧。眼间隔宽凸。口部较大，前位，倾斜。上下颌长度相近。上颌骨后端延伸至眼中部下方。下颌缝合部有1突起，与上颌中间凹陷相对。两颌具绒毛状牙，排列呈带状，上颌外行牙较大。犁骨和腭骨无牙。颏孔4个，呈四方形排列。无颏须。头和身体覆盖圆鳞，易脱落。皮腺体较少，限于腹部。侧线完整。背鳍鳍棘部与鳍条部连续，中间有1凹刻，鳍棘细弱。臀鳍起点位于背鳍第10～11鳍条下方，鳍棘细弱。胸鳍尖长，超过腹鳍末端。腹鳍起点位于胸鳍基部下方稍后。尾鳍尖形。鳔大，呈亚圆筒形，前端弧形，两侧不突出成侧囊，鳔侧具21～22对侧支，侧支有背、腹分支。耳石近盾形，背面隆起或具颗粒突起，腹面有1个蝌蚪形印迹。体背侧灰黄色，腹侧金黄色。发光颗粒呈金黄色。上下颌前端具褐色斑点。背鳍黄褐色。尾鳍黑褐色。其他各鳍淡黄色。鳃腔白色。口腔内白色。

【采集与分布】：全年均可捕捞。捕后弃去内脏，鱼肉鲜用。剖腹时取出鱼鳔，洗净阴干，备用。将颅骨内最大的鱼脑石（耳石）取出，晾干备用，用时将耳石放铁勺内，上倒盖一碗，在火上煅之使爆裂，取出放凉，再研末，备用。中国各沿海海域均有分布。

【药用价值】：滋补强壮、益气养血、健脾开胃、补肾壮骨。主治病后体虚、消化不良、贫血、小儿发育不良、遗尿。

鳕科 Sillaginidae

▊ 多鳞鳕 *Sillago sihama*

【中文名】：多鳞鳕 duō lín xǐ

【拉丁名】：*Sillago sihama*

【科 属】：鳕科鳕属

【形态特征】：背鳍XI，I-21 ~ 22；臀鳍II-22；胸鳍16；腹鳍I-5；尾鳍17。身体延长，呈圆柱状且轻微侧扁。体长是体高的 6.3 ~ 6.7 倍。是头长的 3.6 ~ 3.7 倍。背部和腹部轮廓均呈钝圆形，身体最高处在第一背鳍起点处。尾柄短且侧扁，其高度与长度大致相等。头部较长，头长是吻长的 2.3 ~ 2.6 倍，是眼径的 5.1 ~ 5.7 倍，头的腹面宽而平坦。吻部长且钝尖，长度大于眼后头长。眼睛位于侧面且偏高，距离鳃盖后上角比吻端更近。眼间隔宽阔平坦，宽度略大于眼径。有两个圆形且等大的鼻孔，紧密相邻，位于眼睛前上方。口部小，位于前端，略偏向腹部。上颌比下颌长，上颌骨略微突出。两颌的牙齿细小，排列不规则，密集成带状，犁骨上的牙齿极细小，呈马蹄形牙丛，而腭骨和舌上没有牙齿。前鳃盖骨边缘平滑或有微弱的细锯齿；鳃盖骨上有一个钝棘。鳃耙短小且排列疏松，最长鳃耙长度仅为眼径的三分之一至四分之一。身体覆盖着薄栉鳞，除了吻端和两颌外，头部大部分都被鳞片覆盖，后头部和眼间隔处则被小栉鳞覆盖。侧线完整，在胸鳍上方略弯曲，在体后部呈直线状。有 2 个背鳍，彼此稍微分离；第一背鳍有 11 个鳍棘，起点位于胸鳍中央上方，鳍棘柔软，其中第三鳍棘最长，向后逐渐变短；第二背鳍的鳍基较长，是第一背鳍鳍基的 1.7 ~ 1.8 倍，其最长鳍条的长度短于最长鳍棘。臀鳍有 2 个鳍棘和 22 条鳍条，与第二背鳍形状相似，起点稍后于第二背鳍。胸鳍大小中等。腹鳍位于胸鳍基部下方。尾鳍微凹。背部颜色为浅灰色，腹部为乳白色，各鳍则为浅灰色。

【采集与分布】：全年均可捕捞。捕后剖腹，去除内脏及鳞片，取肉洗净入药。分布于印度－西太平洋区域，西起红海、南非，东至新几内亚，北至日本，南至新加勒多尼亚。中国各沿海海域均有分布。

【药用价值】：健脾开胃、利水消肿、滋补强身。主治食欲不振、水肿、虚劳、贫血。

塘鳢科 Eleotridae

▊ 乌塘鳢 *Bostrychus sinensis*

【中文名】：乌塘鳢 wū táng lǐ
【拉丁名】：*Bostrychus sinensis*
【科　属】：塘鳢科乌塘鳢属

【形态特征】：背鳍Ⅵ，Ⅰ-10～11；臀鳍Ⅰ-9～10；胸鳍17～18；腹鳍Ⅰ-5；尾鳍18～20。纵列鳞120～140；横列鳞35～50；背鳍前鳞60～70。鳃耙3～4+10～11。椎骨27枚。体长为体高的4.3～6.4倍，为头长的3.4～3.9倍。头长为吻长的3.6～4.6倍，为眼径的6.4～8.1倍，为眼间隔的2.8～4倍。尾柄长为尾柄高的1.5～1.8倍。体延长且粗壮，前部亚圆筒形，后部侧扁；背缘、腹缘浅弧形隆起；尾柄较长。头中等大小，前部钝尖且略平扁，后部高而侧扁，头宽大于头高，但短于头长；具7个感觉管孔。颊部微凸，有2条水平状（纵向）感觉乳突线。吻短钝，宽圆且平扁，吻长为眼径的1.2～1.3倍。眼小，上侧位，稍突出，位于头部的前半部。眼下具4～5条放射状感觉乳突线。眼间隔宽平或稍圆凸，无细锯齿，为眼径的1.6～1.9倍。每侧2个鼻孔，分离：前鼻孔圆形，具1管悬垂于上唇上方；后鼻孔小，圆形，有粗短鼻管，紧靠眼前缘上方。口大，前上位，斜裂。上、下颌约等长或下颌稍突出。上颌骨颇长，后端向后伸展至眼后缘下方。唇厚。舌大，游离，前端圆形。鳃孔宽大，向前向下伸展至前鳃盖骨后缘下方。鳃盖上方具5个感觉管孔，前鳃盖骨后缘具5个感觉管孔。头部及体均被小圆鳞。无侧线。背鳍2个，分离，相距较远；腹鳍短，起点位于胸鳍基部下方，内侧鳍条长于外侧鳍条，左、右腹鳍相互靠近，不愈合成吸盘，末端远不达肛门。尾鳍长圆形。

【采集与分布】：全年均可捕捞。捕后，全鱼洗净，鲜肉入药。分布于中国广西、广东、福建、台湾、海南、浙江、上海等沿海海域。

【药用价值】：健脾开胃、利水消肿。主治病后体虚、脾虚水肿、腰膝酸痛。

虾虎鱼科 Gobiidae

弹涂鱼 *Periophthalmus modestus*

【中文名】: 弹涂鱼 tán tú yú
【拉丁名】: *Periophthalmus modestus*
【科　属】: 虾虎鱼科弹涂鱼属

【形态特征】: 体延长且侧扁，具较长的尾柄，头部宽大且侧扁，吻部短而圆钝，眼睛大而突出，下眼睑发达，眼间隔形成纵沟。鼻孔每侧2个，前鼻孔呈小管状，突出于吻褶前缘。口小，亚前位，平裂，上颌稍长于下颌，两颌齿尖锐直立，上颌骨后端向后延伸至眼中部下方。鳃孔狭长，裂缝状，鳃盖膜与峡部相连，鳃耙细弱。体和头部被小圆鳞覆盖，没有侧线。背鳍分为2个，第一背鳍呈长扇形，第二背鳍和臀鳍同形，最后的鳍条平放时不伸达尾鳍基。胸鳍基部肌肉发达，形成臂状肌柄，腹鳍基部愈合成心形吸盘，尾鳍圆形，下缘斜直。

【采集与分布】: 全年均可捕捞。捕后洗净，鱼肉入药。中国沿海均有分布；朝鲜半岛和日本海域亦有分布。

【药用价值】: 补气益精、补肾壮阳、活血止痛、缩尿止汗。主治肾虚阳痿、腰痛、腰酸、耳鸣、耳聋、眩晕、盗汗、黄胖病、小儿遗尿、扭伤、坐骨神经痛。

拟矛尾虾虎鱼 *Parachaeturichthys polynema*

【中文名】: 拟矛尾虾虎鱼 nǐ máo wěi xiā hǔ yú

【拉丁名】: *Parachaeturichthys polynema*

【科　属】: 虾虎鱼科拟矛尾虾虎鱼属

【形态特征】: 体呈圆柱状, 前端略微侧扁, 而向后逐渐变得更侧扁。头部略显扁平。吻部短而钝圆, 口裂较大, 位于吻端并呈斜位, 上下颌都长有众多牙齿, 外侧的牙齿较大, 下颌具犬齿。舌的前端为圆形。下颌腹面有许多短须。眼睛小而位于背部位置, 眼间隔较窄。鳃孔较小, 鳃膜在左右两侧的下端与峡部相连。腹鳍左右两侧相连, 形成吸盘。身体覆盖着大型栉鳞, 而头部周围则被圆鳞覆盖。体色为淡褐色, 各鳍颜色一致, 均为褐色, 尾鳍上有 1 个眼斑, 第一背鳍边缘为黑色。

【采集与分布】: 全年均可捕捞。捕后洗净, 鲜肉入药。分布于印度洋－西太平洋地区; 中国台湾海峡亦有分布。

【药用价值】: 补肾壮阳、温中益气、补脾消食、强筋骨、通血脉。主治中焦虚寒、腹痛、胃痛、体虚无力、关节痹痛、痞积、消化不良、阳痿、遗精、早泄、小便不利、淋沥。

绿斑细棘虾虎鱼 *Acentrogobius chlorostigmatoides*

【中文名】：绿斑细棘虾虎鱼 lǜ bān xì jí xiā hǔ yú

【拉丁名】：*Acentrogobius chlorostigmatoides*

【科　属】：虾虎鱼科细棘虾虎鱼属

【形态特征】：身体前部呈圆柱形，后部逐渐变为侧扁。吻部较长，前端钝圆，中间部位有隆起。眼睛中等大小，位于头部背侧。眼间隔较窄且略微凹陷。口部较大，呈斜形。下颌较短，上颌后端位于眼前缘下方或稍后。嘴唇较厚，舌宽且前端平直。牙齿尖锐，呈锥形，上下颌的牙齿均排列成狭带状。鳃孔略微向前下方延伸至胸鳍基底下方，峡部宽度适中。鳃耙短且粗。身体大部分覆盖着栉鳞，颈部和胸部覆盖小圆鳞。头部除了后头部、颊上部和鳃盖上部覆盖小圆鳞外，其余部分无鳞。体侧鳞片的纵列数为 46 ～ 50，横列鳞约为 17。背鳍有两个：第一背鳍较低，鳍棘细弱，平放时不触及第二背鳍起点；第二背鳍较高，平放时后部鳍条可达尾鳍基部的副鳍条。臀鳍有 12 ～ 13 条鳍条，起点位于第二背鳍第四鳍条下方，高度约与第一背鳍相等。胸鳍尖圆，有 19 ～ 21 条鳍条，长度约与腹鳍相等。腹鳍有 15 条鳍条。尾鳍后缘呈尖圆形。身体上部为灰褐色，下部颜色较浅。体侧有 5 ～ 6 个不明显的暗斑。吻部颜色较深，颊部有暗色条纹。背鳍上有 3 ～ 5 行斜向排列的暗色斑点，尾鳍上有 7 ～ 10 条波状横纹。

【采集与分布】：主要分布于中国沿海地区，还分布于印度尼西亚、泰国等西太平洋沿海国家海域。

【药用价值】：补肾壮阳、温中益气、补脾消食、强筋骨、通血脉。主治中焦虚寒、腹痛、胃痛、体虚无力、关节痹痛、痞积、消化不良、阳痿、遗精、早泄、小便不利、淋沥。

犬牙细棘虾虎鱼 *Acentrogobius caninus*

【中文名】：犬牙细棘虾虎鱼 quǎn yá xì jí xiā hǔ yú
【拉丁名】：*Acentrogobius caninus*
【科　属】：虾虎鱼科细棘虾虎鱼属

【形态特征】：身体呈延长状，前部接近亚圆形，而后部则侧扁。体长为体高的 5 ~ 5.5 倍，为头长的 3.6 ~ 4 倍。尾柄的长度约为其高度的 2 倍。头部略显宽扁，头长为吻长的 3.3 ~ 3.8 倍，为眼径的 3.5 ~ 4 倍。吻部短且圆钝，其长度大致与眼径相等。

【采集与分布】：分布于中国南海和东海。印度、马来西亚、菲律宾、印度尼西亚，以及朝鲜和日本海域亦有分布。

【药用价值】：补肾壮阳、温中益气、补脾消食、强筋骨、通血脉。主治中焦虚寒、腹痛、胃痛、体虚无力、关节痹痛、痞积、消化不良、阳痿、遗精、早泄、小便不利、淋沥。

拉氏狼牙虾虎鱼 *Odontamblyopus lacepedii*

【**中文名**】：拉氏狼牙虾虎鱼 lā shì láng yá xiā hǔ yú
【**拉丁名**】：*Odontamblyopus lacepedii*
【**科　属**】：虾虎鱼科狼牙虾虎鱼属

【**形态特征**】：体呈细长的带状，前部接近圆筒形，后部逐渐侧扁并变细。体长约为体高的 10.6 ~ 13.4 倍，约为头长的 6.7 ~ 8.8 倍。头部中等大小，略呈长方形，枕骨嵴明显，头部和鳃盖部没有感觉管孔，但头部侧面散布着许多不规则排列的感觉乳突。吻部短而宽，中央稍微凸起，眼睛非常小，退化且隐藏在皮肤下。眼间隔宽阔且圆凸。每侧有 2 个分离的鼻孔，前鼻孔短管靠近上唇，后鼻孔为裂缝状，位于眼睛前方。口小且略倾斜，口裂始于眼下缘水平线上，下颌突出且稍长于上颌，具有锐利弯曲的上颌齿，外行齿稀疏排列，部分露出唇外；内侧具有短小的锥形齿，下颌缝合部内侧有 1 对犬齿。舌头稍微游离，前端圆形。鳃孔中等大小，侧位，宽度略大于胸鳍基部宽度，鳃盖上方无凹陷，峡部较宽。鳃耙短小而钝圆。身体覆盖着退化的鳞片，裸露且光滑，没有侧线。背鳍连续，起点位于胸鳍基部后上方，鳍棘细弱，第六鳍棘和第五鳍棘与第一鳍条之间有较大距离，背鳍后端与尾鳍相连。臀鳍与背鳍鳍条部相对，形状相同，起点在背鳍第 3 ~ 4 鳍条基部下方，后部鳍条与尾鳍相连。胸鳍尖形，基部宽，伸达腹鳍末端，长度约为头长的五分之三。腹鳍较大，略大于胸鳍，左右腹鳍合并形成尖长的吸盘。尾鳍长而尖，长度大于头长。体色为淡红色或灰紫色，背鳍、臀鳍和尾鳍为黑褐色。

【**采集与分布**】：全年均可捕捞。分布于中国沿海海域，日本、朝鲜半岛、印度尼西亚，马来西亚和印度海域亦有分布。

【**药用价值**】：补肾壮阳、温中益气、补脾消食、强筋骨、通血脉。主治中焦虚寒、腹痛、胃痛、体虚无力、关节痹痛、痞积、消化不良、阳痿、遗精、早泄、小便不利、淋沥。

带鱼科 Trichiuridae

沙带鱼 *Lepturacanthus savala*

> 【中文名】：沙带鱼 shā dài yú
> 【拉丁名】：*Lepturacanthus savala*
> 【科　属】：带鱼科沙带鱼属

【形态特征】：体延长，呈带状，侧扁，背腹缘几近平直。尾部很细，末端呈鞭状。头狭长，侧扁，前端尖突。吻稍尖长。眼中大，上侧位，靠近背缘。口大，平直。下颌突出，长于上颌。上颌骨末端伸达眼的下方。两颌牙齿强大且尖锐，侧扁，排列稀疏。上颌前端具 2 对倒钩状牙，下颌前端具 1 对犬牙，口闭合时，下颌犬牙露于口外。犁骨、腭骨及舌上均无牙齿。鳃孔宽大。鳃耙短小，有的鳃弓两端的鳃耙退化明显。鳞退化。侧线完整，在胸鳍上方显著下弯。背鳍 1 个，基底颇长，自鳃盖骨上方沿背缘延伸至尾端，中后部的鳍条稍长。臀鳍退化为分离的小棘，其中第一鳍棘发达。胸鳍短小，下侧位。无腹鳍。尾鳍消失。体银白色，尾部鞭状部灰黑色。背鳍灰黄色，且边缘黑色。胸鳍淡黄色。

【采集与分布】：全年均可捕捞。捕后，去肠杂，取鱼肉及鱼鳞，洗净备用。分布于中国东海、南海和台湾海域。

【药用价值】：滋补强壮、滋阴养肝、和中开胃、润肤、解毒、止血。主治病后体虚、肝炎、消化不良、产后乳汁不足、疮疖痈肿、外伤出血、皮肤干燥。

■ 南海带鱼 *Trichiurus nanhaiensis*

【中文名】：南海带鱼 nán hǎi dài yú
【拉丁名】：*Trichiurus nanhaiensis*
【科　属】：带鱼科带鱼属

【形态特征】：体延长且侧扁，尾巴细短。尾柄长度约占肛前长的 30% ~ 33%。头部窄长，头背面斜直或略微突起，前端尖锐。吻部尖长，左右额骨相接。眼睛较大，虹彩呈淡黄色。口部大而平直，下颌比上颌长。牙齿发达且锐利，侧扁而尖，排列稀疏。上颌前端有倒钩状的大犬齿。鳞片退化，侧线在胸鳍上方明显向下弯曲，然后沿着腹部延伸至尾部。背鳍从后头部延伸至尾端，具有 3 根硬棘和 132 ~ 139 根软条。臀鳍退化，起点位于背鳍第 39 ~ 41 软条下方的相对位置，通常隐藏在皮下。胸鳍短，末端可达侧线上方。没有尾鳍和腹鳍。脊椎骨数为 157 ~ 170，腹脊椎骨数为 39 ~ 41，肛门前背鳍数也是 39 ~ 41。身体颜色为银白色，背鳍和胸鳍为浅黄色，尾巴末端呈现暗色。

【采集与分布】：全年均可捕捞。捕后，去肠杂后，鱼肉、鱼油、鱼头及鱼鳞洗净备用。主要分布于中国东海和南海海域。

【药用价值】：滋补强壮、滋阴养肝、和中开胃、润肤、解毒、止血。主治病后体虚、肝炎、消化不良、产后乳汁不足、疮疖痈肿、外伤出血、皮肤干燥。

大眼鲷科 Priacanthidae

短尾大眼鲷 *Priacanthus macracanthus*

【中文名】：短尾大眼鲷 duǎn wěi dà yǎn diāo
【拉丁名】：*Priacanthus macracanthus*
【科　属】：大眼鲷科大眼鲷属

【形态特征】：体呈椭圆形，侧扁，背缘和腹缘呈浅弧形。头较大，吻短钝。眼很大，上侧位，眶前骨边缘具锯齿，眼间隔宽平。口大，上位，口裂几乎垂直。下颌长于上颌，上颌骨后端扩大，伸达眼前缘下方。上下颌牙齿细小，上颌前端具 6 枚圆锥形牙齿，两侧牙齿细尖。下颌前端牙齿斜向内侧，两侧牙齿较上颌牙齿大。犁骨及腭骨上具绒毛状牙齿。前鳃盖骨边缘具锯齿，隅角处有 1 枚强棘。体被细小而粗糙栉鳞，鳞片坚固，不易脱落。侧线完整，与背缘平行。背鳍的鳍棘部与鳍条部相连，之间无缺刻。鳍棘尖锐，平卧时可左右交错折叠于背部浅沟内，鳍条部基底短于鳍棘部，边缘圆。臀鳍起点位于背鳍第七鳍棘下方，与背鳍鳍条部相对。胸鳍小，腹鳍较大，位于胸鳍基底前下方。尾鳍浅凹形，上下叶不呈丝状延长。生活时全身赤色，腹部浅红色。各鳍红色，背鳍、臀鳍及腹鳍鳍膜间散布棕黄色斑点。

【采集与分布】：全年均可捕捉。捕后剖腹，去除肠杂和鳞片，取肉或全体洗净入药。中国各沿海海域均有分布。

【药用价值】：消食利水。主治消化不良、水肿。

鳗鲡目 Anguilliformes

海鳗科 Muraenesocidae

■ 海鳗 *Muraenesox cinereus*

【中文名】: 海鳗 hǎi mán
【拉丁名】: *Muraenesox cinereus*
【科　属】: 海鳗科海鳗属

【形态特征】: 体较高。体长为体高的 15.5 ~ 24.8 倍（鳃孔处）和 18 ~ 23.8 倍（肛门处），为头长的 6.39 ~ 7.43 倍。头长为吻长的 3.67 ~ 3.97 倍，为眼径的 8.25 ~ 11.73 倍，为眼间距的 6.69 ~ 10.00 倍。体延长，躯干部近圆柱状，尾部较侧扁。头细长，呈锥状。吻长而尖，尖端圆形膨大，其后有 1 凹刻。眼呈长椭圆形。眼间隔微凸。每侧 2 个鼻孔: 前鼻孔位于吻前部三分之一处吻端凹刻的稍后方，具 1 个短管; 后鼻孔位于吻侧后三分之一处，不具短管。口大，呈水平状，口裂后伸到眼后下方。上颌较下颌略突出。上下颌齿均为 3 行，上颌齿以中间一行较大，侧扁，略呈三角形，内外侧者细小，近锥状。内侧的 1 行排列不规则，在中后部往往形成不规则的 2 ~ 3 行。腭骨部外方周围具一行 5 ~ 10 个大型犬齿，中部无齿，与两颌齿及犁骨齿之间有一段无齿区。犁骨齿 3 行，中间一行最大，均呈三角形。下颌前方外行齿细小，不向外倾斜，内行具 4 ~ 7 个大型犬齿。鳃孔宽大。肛门位于体二分之一前方的腹面。体无鳞，皮肤光滑。侧线孔明显，侧线孔 140 ~ 153 个，肛门前侧线孔 40 ~ 44 个。侧线管为开放式管型，其胶质侧线小管并不完整，呈半壁开放，相连的小管依靠皮肤覆盖，不形成完整侧线管。鳔管位于鳔左侧，距鳔前端较近，鳔长为鳔管前长 4.6 ~ 9.8 倍。背鳍、臀鳍发达，后部均与尾鳍连续。背鳍始点在胸鳍起点稍前方。

臀鳍始点在肛门的紧后方。胸鳍位于体侧中部、鳃孔的紧后方。体侧背方银灰色或褐色，体侧下方及腹部近乳白色，背、尾鳍边缘黑色，胸鳍无色。

【采集与分布】：全年均可捕捞，捕获后，先切断鳃部动脉取血，冷藏备用。接着剖腹，取出肝脏，洗净后再摘取胆囊，晒干后储存于坛罐中备用。随后再分别取鳃和卵巢，可鲜用或晒干后分别贮藏于防潮、防蛀、避光、无毒的容器内备用。最后切下头、肉及各部位鲜用。主要分布于中国东海，其他沿海地区亦有分布。

【药用价值】：补虚强体、补肾润肺、祛风通络、清热解毒。主治体质虚弱、贫血、阳痿、遗精、神经衰弱、支气管炎、肝硬化、面神经麻痹、关节肿痛、疮疖肿毒、痔瘘、皮肤疥癣。

褐海鳗 *Muraenesox bagio*

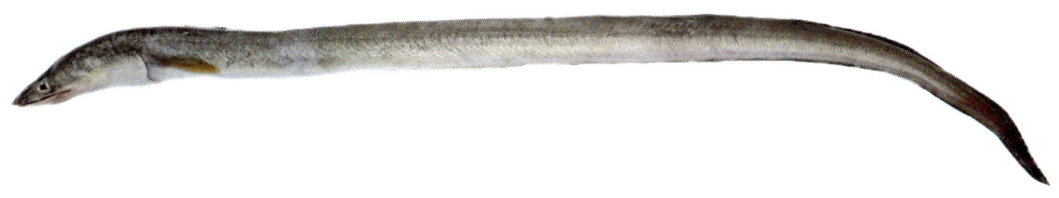

【**中文名**】：褐海鳗 hè hǎi mán
【**拉丁名**】：*Muraenesox bagio*
【**科　属**】：海鳗科海鳗属

【**形态特征**】：体呈延长状，躯干部位接近圆筒形，而尾部侧扁。体长为体高的 17.1 倍，为头长的 6 倍；尾长相当于头与躯干的 1.3 倍；头长为吻长的 3.8 倍；吻长为眼径的 2.9 倍；头长为眶间区的 10.7 ~ 11.4 倍。肛门前的侧线有 35 ~ 38 个孔。身体没有鳞片，但侧线孔非常明显。背鳍、臀鳍和尾鳍都发达且相互连接。背鳍的起点位于胸鳍基部稍前上方。胸鳍发达且尖长。体背部和两侧呈现银灰色，大型个体可能呈现暗褐色，而腹部则是乳白色。背鳍、臀鳍和尾鳍的边缘为黑色，胸鳍为淡褐色。

【**采集与分布**】：全年均可捕捞。捕获后，先切断鳃动脉取血，备用。接着切下鱼头，晾干，备用。然后剖腹，去除内脏，鱼肉和其他部分鲜用。分布于印度－西太平洋地区，西起东非至菲律宾，北至日本，南至新几内亚、阿拉弗拉海、澳洲、新喀里多尼亚与斐济等。在中国东海、黄海、南海和台湾等海域亦有分布。

【**药用价值**】：滋补虚损、清热解毒。主治贫血、神经衰弱、肝硬化、遗精、气管炎、关节肿痛。

蛇鳗科 Ophichthidae

食蟹豆齿鳗 *Pisodonophis cancrivorus*

【中文名】：食蟹豆齿鳗 shí xiè dòu chǐ mán
【拉丁名】：*Pisodonophis cancrivorus*
【科　属】：蛇鳗科豆齿蛇鳗属

【形态特征】：体呈延长状，躯干部为圆柱形，尾部则侧扁。头部略似锥形。吻部短且钝尖。眼睛较小，呈圆形。口部位于前位，口裂延伸至眼睛后方。上颌比下颌长，牙齿呈颗粒状。具有发达的唇，舌紧贴口底。鳃孔大小适中。身体没有鳞片，皮肤光滑，侧线孔清晰可见。背鳍起点位于胸鳍中部上方或略前。臀鳍起点在肛门后方。背鳍和臀鳍不相连。胸鳍的后缘为长圆形。没有尾鳍，尾端尖锐。体色通常在灰褐至黄褐色之间，腹部颜色较淡，为淡黄色。背鳍和臀鳍的边缘为黑色，胸鳍为灰黑色或淡色。

【采集与分布】：全年均可捕捞。捕后剖腹，去除内脏，洗净，取肉鲜用。分布于中国广西、广东、福建、台湾、海南、浙江、上海等沿海海域。

【药用价值】：滋补强壮、补益气血、活血通络、祛风除湿。适用于病后虚弱、腰背酸痛、肺痨、阳痿、赤白带下、风湿痹痛、跌打损伤、骨折。

海鳝科 Muraenidae

■ 波纹裸胸鳝 *Gymnothorax undulatus*

【中文名】：波纹裸胸鳝 bō wén luǒ xiōng shàn
【拉丁名】：*Gymnothorax undulatus*
【科　属】：海鳝科裸胸鳝属

【形态特征】：体延长，体长是体高的 12 ~ 18.4 倍，尾部长度超过头部和躯干部的总和。头部中等大小，侧扁。吻部短且钝。眼睛较小，圆形，位于身体侧面且位置较高，上方有一层半透明的皮膜覆盖。前鼻孔为 1 个短管。口部大而水平，口裂宽阔，眶后部分的口裂长度大于吻部。两颌狭窄，有 1 行牙齿，前部有几枚较大的锥状牙，后部牙齿细小。身体无鳞，皮肤光滑且完全裸露。侧线孔不显著。背鳍、臀鳍和尾鳍发达，相互连续，并嵌入肥厚的皮膜中。背鳍起点位于鳃孔前方。尾鳍与背鳍和臀鳍之间的界限不明显。没有胸鳍。身体上密集分布着大型暗黑褐色的横斑，斑纹不规则，多数相连，在鳍上斜向后方延伸。斑纹之间有淡黄灰色的线条，宽度不一，形成不规则的网纹状。背鳍、臀鳍和尾鳍的边缘有白色斑点，排列成不连续的线形。

【采集与分布】：全年均可捕捞。捕后洗净，焙干或煅炭入药。也可捕后取血，阴干，研磨成细粉备用，或将鲜鱼血滴在吸水纸上，阴干备用。分布于中国广西、广东、福建、台湾、海南等沿海海域。

【药用价值】：解毒消肿、收敛消痔。适用于痔疮、无名肿毒、胸痛等病症。血可止血，适用于外伤出血。

鲇形目 Siluriformes

鲿科 Bagridae

中华海鲇 *Tachysurus sinensis*

【中文名】：中华海鲇 zhōng huá hǎi nián
【拉丁名】：*Tachysurus sinensis*
【科　属】：鲿科属

【形态特征】：背鳍条 I-6 ~ 7；臀鳍条 I-15 ~ 17；胸鳍条 I-9 ~ 10；腹鳍条 I-5。鳃耙数量为 14 ~ 18。游离脊椎骨有 43 ~ 45 块。体延长，前端粗圆，后部侧扁。头部较宽，呈纵扁形。上枕骨区域散布小颗粒状棘突，中间形成一隆起的嵴，向后延伸至脊鳍基部，前方则形成一窄薄的骨板，向前伸至两眼中间。口部大，位置靠下，口裂近乎水平。两颌和唇较为发达，在口角处形成明显的唇褶。上颌略微突出于下颌，上下颌具有排列成带状的细绒毛状齿，下颌的齿带中央有分离。腭骨上的齿为颗粒状，左右两侧各形成一群，构成长三角形的齿丛。眼睛较小，呈纵椭圆形，位于头部的侧上方，略高。眼间隔宽阔且微微凸起。前后鼻孔相隔较远，前鼻孔呈圆形，后鼻孔有发达的瓣膜。颌部有 1 对须，末端能延伸至胸鳍基部；颏部有 2 对须，外侧的颏须较长。鳃孔较大，鳃盖膜与鳃峡相连，鳃耙发达。背鳍有 1 根骨质硬刺，前缘锯齿较弱，接近颗粒状，而后缘锯齿发达。第一根鳍条特别延长，起点位于胸鳍基后端的垂直上方稍后位置，距离吻端比距离脂鳍起点近。脂鳍较短，基部位于背鳍基部后端至尾鳍基中央偏后的位置。臀鳍起点在脂鳍起点垂直下方之前，距离尾鳍基比距离胸鳍基后端近。胸鳍位于身体下侧，硬刺短于背鳍硬刺，形状相似，鳍条延伸不到腹鳍基。腹鳍起点在背鳍基后端垂直下方稍后位置，距离胸鳍基后端比距离臀鳍起点远。肛门距离臀鳍起点比距离腹鳍基后端更远。尾鳍深分叉，上叶比下叶长。活体的背部为黑褐色，体侧为褐色，腹部颜色较浅。各鳍为灰黑色。

【采集与分布】：捕后剖腹，去除内脏，取肉洗净，鲜用。分布于中国广西、广东、福建、台湾、海南、浙江、上海等沿海海域。

【药用价值】：清热解毒、利水消肿。适用于皮肤慢性溃疡、鞘膜积液。

鲀形目 Tetraodontiformes

单角鲀科 Monacanthidae

绿鳍马面鲀 *Thamnaconus septentrionalis*

【中文名】：绿鳍马面鲀 lǜ qí mǎ miàn tún
【拉丁名】：*Thamnaconus septentrionalis*
【科　属】：单角鲀科马面鲀属

【形态特征】：体呈椭圆形，侧扁。尾柄短，侧扁。头较大，从俯视角度看近似三角形。吻较长且尖突。眼中等大小，上侧位。口小，前位。下颌稍突出。上下颌牙齿楔状，上颌牙齿 2 行，外行每侧 3 个，内行每侧 2 个；下颌牙齿每侧 3 个。鳞细小，每鳞的基板上有一些短棘。无侧线。背鳍 2 个；第一背鳍起点在眼后缘上方，第一鳍棘较长，前缘有 2 行倒棘，后侧缘各有 1 行倒棘，棘端向外或向下。第二背鳍起点位于肛门上方，前部鳍条稍高起。臀鳍与第二背鳍同形，起点在第二背鳍的第七或第八鳍条的下方。胸鳍短圆形，侧位。腹鳍合为 1 棘，不能活动。尾鳍圆形。体蓝灰色，幼鱼体散布一些云状暗色斑纹，有时排成几纵行，成鱼斑纹不明显。第一背鳍灰褐色，第二背鳍、臀鳍、胸鳍和尾鳍均呈绿色。

【采集与分布】：全年均可捕捞。捕后剖腹，去除内脏及皮，皮可以制明胶。分布于中国广西、广东、福建、台湾、海南、浙江、上海、江苏、山东、辽宁等沿海海域。

【药用价值】：健胃消食、清热解毒、止血。主治胃炎、胃溃疡、乳腺炎、消化道出血、大便脓血。

■ 中华单角鲀 *Monacanthus chinensis*

【中文名】：中华单角鲀 zhōng huá dān jiǎo tún
【拉丁名】：*Monacanthus chinensis*
【科　属】：单角鲀科单角鲀属

【形态特征】：体呈菱形，侧扁而高，尾柄短而高。头较小，侧视呈近三角形，背缘在眼前方凹入。吻较长，前端尖突。眼小且上侧位，眼间隔隆起。口小，前位，下颌稍突出。上下颌牙齿呈楔状，上颌具 2 行牙齿，外行每侧 3 枚，内行每侧 2 枚，部分牙齿露出外行牙间；下颌具 1 行牙齿，每侧 3 枚。唇厚，鳃孔小，侧中位。体被细鳞，每鳞的基板具 1 个强而粗壮的中心棘，末端稍弯。雄鱼尾柄部上下侧有两列强倒棘。背鳍 2 个，第一背鳍起点位于眼中央的背侧后方，第一鳍棘强大，后侧缘具强倒棘，前缘具小棘突，第两鳍棘小而隐于皮下。第 2 背鳍起点在肛门前上方，前部鳍条稍高。臀鳍与第两背鳍形状相同，起点在第两背鳍第五至第六鳍条下方。胸鳍短圆，侧位中。左右腹鳍愈合为 1 短棘，能活动，腹鳍棘后方鳍膜发达，呈扇状，膜上具鳍条状突起。尾鳍圆形。体色为浅棕色，具许多深棕色斑点，体侧有 3 条云状暗褐色斜宽纹。第两背鳍及臀鳍浅褐色。腹鳍棘深褐色，棘后鳍膜黑褐色。尾鳍黄褐色，具多条暗色细横纹。

【采集与分布】：全年均可捕捞。捕后剖腹，去除内脏及皮，皮可以制明胶。分布于中国广西、广东、福建、台湾、海南、浙江、上海等沿海海域。

【药用价值】：解毒、止血、健胃。适用于吐血、呕血、便血、乳痈、胃病、食积不化等病症。

丝背细鳞鲀 *Stephanolepis cirrhifer*

【中文名】：丝背细鳞鲀 sī bèi xì lín tún
【拉丁名】：*Stephanolepis cirrhifer*
【科　属】：单角鲀科细鳞鲀属

【形态特征】：体呈菱形，侧扁而高，尾柄短且高，头中等大小，侧视呈三角形。体长为体高的 1.5 ~ 1.9 倍，为头长的 2.8 ~ 3.3 倍，头长为吻长的 1.3 ~ 1.7 倍，为眼径的 3.0 ~ 4.7 倍。吻较大，眼睛中等大小，眼间隔中央略呈凸棱状，眼间隔宽度等于或稍大于眼径。鼻孔小，每侧 2 个，位于眼前方。口小且前位，上下颌等长，两颌牙齿楔状，上颌有两行牙齿，外行每侧 3 枚，内行每侧两枚；下颌有 1 行牙齿，每侧 3 枚。唇厚，鳃孔侧中位，稍倾斜。头部和身体均被细鳞，鳞基板上的鳞棘愈合成柄状，外端伸出许多小棘，呈蘑菇状。背鳍 2 个，第一背鳍有 2 根鳍棘，第一鳍棘较粗壮，稍短，位于眼后半部上方，前缘有粒状突起，后缘具倒棘；第两鳍棘较短，紧贴在第一鳍棘后方，常隐于皮下。第两背鳍较长，起点在肛门背侧或稍前方，前部鳍条稍长，雄性第 2 鳍条特别延长呈丝状，为第一和第三鳍条的 2.5 倍左右。臀鳍与第二背鳍形状相同，起点在第二背鳍第五至第六鳍条的下方。胸鳍短圆形，位于侧中位，左右腹鳍合为一根鳍棘，由 3 对特化鳞组成，连接于腰带骨后端，能活动。体色为黄褐色，体侧有 6 ~ 8 条断续的黑色纵行斑纹。第 1 背鳍鳍棘上有 3 ~ 4 个深色横斑，鳍膜灰褐色；第两背鳍及臀鳍下半部有褐色宽纹，尾鳍基部及外缘有灰褐色横带。背鳍有 2 鳍棘和 31 ~ 35 根软条，臀鳍有 31 ~ 33 根软条，胸鳍有 13 ~ 15 根软条，尾鳍有 1 根鳍棘和 10 ~ 11 根软条。

【采集与分布】：捕后，去除内脏，洗净备用。主要分布于中国广西、广东、福建、台湾、海南、浙江等沿海海域。

【药用价值】：健胃消食、滋补强壮。主治胃病、消化不良、腰腿酸软无力。

三棘鲀科 Triacanthidae

双棘三刺鲀 *Triacanthus biaculeatus*

【中文名】：双棘三刺鲀 shuāng jí sān cì tún

【拉丁名】：*Triacanthus biaculeatus*

【科　属】：三刺鲀科三刺鲀属

【形态特征】：体呈长椭圆形，侧扁，尾柄细长，在尾鳍基前缘的背腹面各有 1 个凹窝。头部中等大小，侧扁，侧视呈三角形，吻较短。眼小，口小且前位，上下颌等长，各有两行牙齿，外行牙齿呈楔形，内行牙齿呈粒状。头部和身体覆盖着粗糙的小鳞片，鳞片表面有许多小刺，侧线显著。背鳍有 2 个，彼此分离，第一背鳍的第一鳍棘特别强大，具许多小倒刺，第二至第五鳍棘较短。第两背鳍基底较长，臀鳍基底短于第两背鳍基底。胸鳍下侧位，左右腹鳍特化成一枚大鳍棘，其大小和形状与第一背鳍的第一鳍棘相似。尾鳍呈深叉形。体上半部为灰褐色，下半部为淡白色，唇膜为白色，头背部暗灰色。第一背鳍棘膜和基部为黑色，尾鳍黄绿色，胸鳍橘黄色，其余各鳍为白色。

【采集与分布】：全年均可捕捞。捕后，剖腹，取出鱼鳔，洗净，晒干备用。随后去除其余内脏，洗净，取肉鲜用。还可剥下鱼皮，晒干备用。主要分布于中国广西、台湾等沿海海域。

【药用价值】：肉可益胃止血、健脾消积、止咳化痰、消肿散结。适用于胃病吐血、食积、咳嗽水肿、乳痈、瘰疬等病症。皮及鳔可清热解毒、消肿止痛、润肺止咳。适用于乳痈、瘰疬、皮下脓肿、中耳炎、咽喉肿痛、咳喘、肝炎等病症。

鲀科 Tetraodontidae

▌ 棕斑兔头鲀 *Lagocephalus spadiceus*

> 【中文名】：棕斑兔头鲀 zōng bān tù tóu tún
> 【拉丁名】：*Lagocephalus spadiceus*
> 【科　属】：鲀科兔头鲀属

【形态特征】：体呈圆筒形，稍侧扁，向后渐狭小；体长为体高的 2.6 ~ 3.5 倍，为头长的 2.6 ~ 3.2 倍。头部较长，稍侧扁；头长等于鳃孔至背鳍起点的距离，为吻长的 2.4 ~ 2.6 倍，为眼径的 3.5 ~ 4.2 倍。吻中长，钝圆，小于眼径的 2 倍。眼中大，上侧位；眼间隔宽平，等于或为眼径的 1.8 倍，头长为眼间隔的 2.1 ~ 2.4 倍。每侧鼻孔 2 个，紧位于鼻瓣的前后方，鼻瓣呈卵圆形突起。口小，前位，平横。上颌稍突出。上下颌各具 2 个喙状牙板，中央骨缝明显。唇发达，边缘细裂。口隅具皮褶，其外侧具 1 个深沟。鳃孔中大，弧形，位于胸鳍基底前方。头、体背面和腹面均被小刺，侧面光滑。背面刺群自吻后开始逐渐狭小，作三角形延伸，止于胸鳍鳍端上方，不伸达背鳍起点。腹面刺群始自鼻孔前下方，止于肛门前方。侧线发达，上侧位，至尾部下弯于尾柄中央。体侧下缘具皮褶。背鳍 1 个，镰刀状，起点与肛门后方相对，具 2 条不分支、11 条分支鳍条。臀鳍起点稍后于背鳍起点，具 2 条不分支、9 ~ 10 分支鳍条。胸鳍宽短，下侧位；胸鳍长等于胸鳍末端至背鳍起点的距离。尾鳍凹入。头、体背侧灰绿色，有时微黄。体侧及腹面白色，侧下方黄色。背面在眼后、前背部、背鳍基底下方及尾柄背侧常具云纹状暗色横带。有时背侧面深褐色，无斑纹。背鳍灰黄色，臀鳍白色，胸鳍浅黄色。尾鳍浅黄灰色，上叶鳍条末端灰白色，下叶沿边缘处具长条形白色区域。鳃腔淡褐色，鳃膜灰白色。

【采集与分布】：全年均可捕捞。捕后剖腹，取皮和鳔入药，鲜用或晒干备用。分布于中国广西、广东、福建、海南、浙江、江苏、台湾等沿海海域。印度洋非洲南部至太平洋西部菲律宾、印度尼西亚亦有分布。

【药用价值】：健脾止痢、润肺止咳。适用于胃病、寒咳、痢疾。皮和鳔主治脾胃虚弱、赤痢、寒咳。

弓斑东方鲀 *Takifugu ocellatus*

【中文名】：弓斑东方鲀 gōng bān dōng fāng tún

【拉丁名】：*Takifugu ocellatus*

【科　属】：鲀科东方鲀属

【形态特征】：体呈亚圆筒形，稍显细长，后部逐渐变细，尾柄圆锥状且侧扁。头部钝圆，吻部短而钝，吻长与眼后头长相等。眼睛位于侧上方，眼间隔宽且微圆突，鳃孔大小适中。体表在鼻孔至背鳍起点和鼻孔至肛门的区域覆盖有细小的刺，具有单一的背鳍，位于体后部，臀鳍形状与背鳍相似，没有腹鳍。胸鳍短而宽，位于身体侧中位，后缘微圆形，而尾鳍宽阔，后缘同样呈微圆形。弓斑东方鲀的体腔较大，腹腔颜色较淡，具有较大的鳔和气囊。

【采集与分布】：四季均可捕捉。其内脏及血液均含有毒素，鳔入药时须将附于鳔上血管去除，洗净，晒干，存于干燥处，储藏 2 年以上者药效较好。中国沿海均有分布，朝鲜半岛和日本亦有分布。

【药用价值】：味甘、性温。有大毒。归肝经。解毒疗疮。主治疮疡肿毒、鸡眼。

星点东方鲀 *Takifugu rubripes*

【中文名】：星点东方鲀 xīng diǎn dōng fāng tún
【拉丁名】：*Takifugu rubripes*
【科　属】：鲀科东方鲀属

【形态特征】：体呈亚圆筒锥形，稍细长，后部逐渐变细，尾柄圆锥状，后部侧扁。体侧下缘有纵走的皮褶。头部稍细长，圆钝，鼻瓣呈卵圆形突起，位于吻中部上方，鼻孔每侧2个，紧邻鼻瓣的内外侧。头部与体背、腹面均覆盖有极微弱的小刺，背刺区与腹刺区分离。背鳍略呈镰刀形，始于肛门后上方，臀鳍与背鳍同形。尾鳍截形。体色为草绿、褐绿或蛋青色，腹面白色。背侧有许多乳白色小斑点，胸鳍后上方体侧处有1个扁平形的大黑斑，与背面黑褐色横纹相连；背鳍基底及尾部有黑斑。体侧皮褶区为黄色，各鳍为淡黄色。

【采集与分布】：四季均可捕捉。其内脏及血液含有毒素，鳔入药时须将附于鳔上血管去除，洗净、晒干，存于干燥处，储藏2年以上者药效较好。中国沿海均有分布，朝鲜半岛和日本亦有分布。

【药用价值】：味甘、性温。有大毒。归肝经。解毒疗疮。主治疮疡肿毒、鸡眼。

鲉形目 Scorpaeniformes

鲂鮄科 Triglidae

翼红娘鱼 *Lepidotrigla alata*

【中文名】：翼红娘鱼 yì hóng niáng yú
【拉丁名】：*Lepidotrigla alata*
【科　属】：鲂鮄科红娘鱼属

【形态特征】：体型延长，稍微侧扁，躯干前部稍粗大，向后逐渐变细。头部中等大小，近似长方形，头背面和侧面被骨板覆盖，每块骨板上通常有密集的线状细棱。顶枕骨板平坦，后缘呈弧形凹陷。眶上棱宽凸，眶上棘和眶后棘明显可见。后颈棱显著，末端具1棘，伸达到背鳍第3鳍棘下方。吻部较长，背面圆凸，边缘常具锯齿，前端两侧有三角形的吻突。眼睛较大，位于头部的上侧。眼间隔宽而稍微凹陷。口部较大，位于前下方，上颌突出，中央有1个缺刻。上下颌具有绒毛状的牙群，而犁骨和腭骨无牙齿。鳃孔宽大，鳃盖骨具有2个明显的棘。肱棘宽扁且尖长，约伸达到第七背鳍棘下方。鳃耙短小。身体覆盖中等大小的栉鳞，而胸部和腹部前半部分无鳞，头部被骨板覆盖，无鳞片。背鳍基部有多对楯板，前部楯板较宽，棘较低且钝，后部楯板较窄，棘较尖突。侧线位于体侧上方。背鳍有2个，彼此靠近，臀鳍与第两背鳍相对。胸鳍位于体侧下方，较大且长，末端延伸至臀鳍第五鳍条上方，下方有3个指状游离鳍条。腹鳍位于胸部。尾鳍后端呈浅凹形。体色为红色，腹面为白色或浅红色，头部和体上没有斑纹。第一背鳍的第四至第七鳍棘之间的鳍膜上部有1个红色的大斑点。胸鳍内侧为茶绿色，臀鳍为白色。

【采集与分布】：全年均可捕捞。捕后剖腹，去除内脏及鳞片，洗净鲜用或晒干备用。主要分布于中国广西、广东、福建、台湾、海南、浙江、上海等沿海海域。

【药用价值】：健脾开胃、滋补强身。适用于食欲不振、体虚。

鲬科 Platycephalidae

▍鲬 *Platycephalus indicus*

【中文名】：鲬 yǒng
【拉丁名】：*Platycephalus indicus*
【科　属】：鲬科鲬属

【形态特征】：体型延长，稍微扁平，向后逐渐变窄。头部宽大，平扁，无棘，头顶的骨棱低平。吻部扁平，从俯视角度看，吻部呈近半圆形。眼睛小，位于头部侧上方，虹膜上通常有1个舌形突起。眼间距宽而微凹。口大，端位，下颌突出，上颌骨末端可伸达到瞳孔后缘下方。有两个鼻孔，位于头部两侧，前鼻孔后缘有1个皮质突起，后鼻孔较大。上下颌、犁骨和腭骨均有绒毛状牙群，其中犁骨牙群呈半月形。前鳃盖骨角上有2枚棘，下棘较长，无向前倒棘。鳃盖骨上有1条明显的细棱，间鳃盖骨有1个小型舌状皮瓣。侧线呈一条直线。背鳍有2个，间距很近：第一背鳍起点位于腹鳍的前上方，其中第四和第五鳍棘最长；第两背鳍起点位于肛门的后上方。臀鳍与第两背鳍相对，形状相似。腹鳍位于胸鳍基的稍后方，第四鳍条最长，末端延至肛门。胸鳍位于体侧的下半部，起始于鳃盖的后下方，短圆形，延伸至腹鳍末端。尾鳍呈截形，后缘圆凸。体被覆栉鳞，不易脱落；吻部和头部的背腹面无鳞。体背侧为淡黄褐色，约有8个褐色暗斑，腹侧为淡黄色。尾鳍上缘有4个黑色斑，下部有4条黑色的纵斑。

【采集与分布】：全年均可捕捞。捕后剖腹，去除内脏，洗净鲜用。中国各沿海海域均有分布，以广西、广东、福建等沿海海域产量居多。

【药用价值】：利水消肿、软坚散结。适用于慢性水肿、肝硬化腹水、风湿性痹症、小儿哮喘等病症。

鲉科 Scorpaenidae

■ 勒氏蓑鲉 *Pterois russelli*

【中文名】：勒氏蓑鲉 lè shì suō yóu

【拉丁名】：*Pterois russelli*

【科　属】：鲉科蓑鲉属

【形态特征】：体型侧扁，呈长椭圆形。背部和腹部略呈圆润的浅弧形，尾部逐渐变细。躯干稍短于尾部，尾柄长度是身体高度的 2 倍。头部中等大小，侧扁，吻部细长，稍短于眼径的 2 倍。口较大，端位，呈斜裂状。下颌略长于上颌。上颌骨延伸至眼前下方，末端宽圆。上唇薄，下唇侧部较厚。上下颌及犁骨有细小牙齿，而腭骨无牙，犁骨牙群相连，形成"人"字形。舌厚，尖端自由。鼻棘小而尖，位于前鼻孔内侧。眶前骨宽大，外侧有辐射状棱，下缘有两棘。第一和第二眶下骨宽短，眶下棱明显，有 2 ~ 3 小棘；第二眶下骨延伸至前鳃盖骨上缘。眶前骨有 5 个辐状感觉管，后枝通过第一眶下骨延伸至第二眶下骨后部。前鳃盖骨有 3 ~ 4 棘，呈辐状排列。鳃盖骨有 1 扁形钝棘。下鳃盖骨和间鳃盖骨无棘。无肱棘。前颌骨突高，吻背后部横凹，眼间隔凹入，头部无其他凹陷。吻端有

1 对细尖皮须；鼻孔后缘有一尖形皮瓣；眶前骨下缘有 2 枚皮瓣，前者小，后者较大；眼上棘有 1 尖长皮瓣，长度可能与眼径相等或短于眼径，或缺失；前鳃盖骨边缘有 3 皮须。上下颌、眼后棘、眶下棱、顶棘、颈棘、颊部、侧线和体侧以及鳍上无明显皮瓣。鳞片小而圆，上下颌和吻部无鳞。顶枕部及眼间隔鳞片微小。胸鳍和尾鳍基部有细鳞。背鳍、臀鳍和腹鳍通常无鳞。侧线位于上侧，呈浅弧形，后部平直，通过尾柄中央，延伸至尾鳍基底。体色为红色，带有条纹和斑点。眼上缘至口侧中部有 1 条黑色斜纹，眼间隔和头背有 1 条黑色纵纹，吻部有数条黑色纵纹，头侧有 7 ~ 8 条辐状条纹；头部有横纹，眼前缘、眼中央、眼后缘及顶棘处较宽；眼上棘皮瓣黑色。体侧有 20 ~ 21 条宽窄相间的条纹。腹部前半部有 4 ~ 5 行黑色斑点和一些黄色斑点；胸鳍有黑色斑点，基部上方有 1 黑色斑点，背鳍、臀鳍和尾鳍无斑点。

【采集与分布】：常年均可捕捞。捕后，去除鳞片及内脏，洗净后鲜用或晒干备用。储藏于避光、干燥、通风之处。分布于中国广西、广东、福建、台湾、海南、浙江等沿海海域。

【药用价值】：滋补肝肾。适用于肾虚腰痛、慢性肝炎。

棱须蓑鲉 *Apistus carinatus*

【中文名】：棱须蓑鲉 léng xū suō yóu
【拉丁名】：*Apistus carinatus*
【科　属】：鲉科须蓑鲉属

【形态特征】：体型延长，侧扁。头部中等大小，头背的棘较低弱。眶前骨有 3 根较长的棘。口大，位于前端。腭骨有细小的牙齿。下颌有 3 根长须。体被细鳞。背鳍连续，中间有浅缺刻，硬棘部基底长度大于软条部，具有 14～15 根硬棘和 8～10 根软条；臀鳍基底稍长于背鳍软条部的基底，具有 3 根硬棘和 7～8 根软条；胸鳍尖长，末端延伸至臀鳍基底后方；其下方有一游离鳍，具有 11～12 根鳍条；腹鳍位于胸部；尾鳍呈圆形。体侧上部为灰蓝色，下部较浅。背鳍硬棘部有 1 个大于眼径的黑斑；各鳍淡白色，散布暗色斑点。

【采集与分布】：全年均可捕捞。捕后剖腹，去除内脏及鳍，取鲜肉入药。分布于中国广西、广东、福建、台湾、海南等沿海海域。

【药用价值】：滋补肝肾。适用于肾虚腰痛、慢性肝炎。

褐菖鲉 *Sebastiscus marmoratus*

【中文名】：褐菖鲉 hè chāng yóu

【拉丁名】：*Sebastiscus marmoratus*

【科　属】：鲉科菖鲉属

【形态特征】：背鳍：Ⅶ-12；臀鳍：Ⅲ-5；胸鳍：19；腹鳍：Ⅰ-5；尾鳍分枝鳍条：12。鳃耙：4+17。头体呈长椭圆形，侧扁。头部和棘高锐。眼中等大小，凸出，位于头前半部的侧高位。眼间隔窄，呈沟状，宽度约为眼径的一半，边缘较高。眶上棱高凸，具1眼上棘和2眼后棘；眼间具额棱1对，中部靠近，前后叉开，后端具1额棘。额棱远低于眶上棱。顶骨光滑，左右相连；顶棱高锐，略高于眶上棱，后端具1顶棘；颈棱位于顶棱后方，略短，后端具1颈棘。眼下棱很低，下眼缘无棘。鼻孔2个。口大，前位，微斜。下颌略短于上颌，下颌下方有4~5个小孔。上颌后端到达眼后缘的前下方附近。上下颌、犁骨及颚骨均具绒状牙群。咽部具上下咽骨牙群。前鳃盖骨有5棘。鳃孔宽大，延伸到头下方。鳃盖膜与颊部不相连。鳃盖条有7条。假鳃发达。下方的4个鳃耙为块状。鳞中小，栉状；头部、胸腹下侧及鳍上的鳞较小。侧线斜直，前端较高，在尾柄处为侧中位。背鳍1个，始于鳃孔背角的稍前方；鳍棘发达，其中第五鳍棘最长，鳍棘部与鳍条部之间有1前凹；鳍条的高度与鳍棘相似，后端略不到尾鳍前基缘。臀鳍位于背鳍鳍条部的下方，其鳍基较背鳍鳍条部短；第二鳍棘最大，第三鳍棘则较细。胸鳍近五边形，侧低位，上方的第十鳍条最长，伸过肛门，下方的10鳍条较粗而不分枝。腹鳍胸位，位于胸鳍的后下方，后端伸到肛门。尾鳍截形，后缘微凸。

【采集与分布】：全年均可捕捞。捕后剖腹，去除内脏及鳞片，将鱼洗净，鲜用或晒干备用。分布于中国广西、广东、福建、台湾、海南、浙江、山东、河北等沿海海域。

【药用价值】：健脾、开胃、益气。适用于脾虚乏力、纳呆。

棘鲉 *Hoplosebastes armatus*

【中文名】：棘鲉 jí yóu
【拉丁名】：*Hoplosebastes armatus*
【科　属】：鲉科棘鲉属

【形态特征】：体延长，侧扁。头部较大，棘发达。眼睛位于头部侧上方，眼眶不突出于头背。口大，斜裂，下颌稍突出；上颌被一群鳞覆盖；腭骨具细齿。前鳃盖骨有 5 枚棘；鳃盖骨有 2 枚棘。背鳍连续，硬棘部鳍膜稍凹入，硬棘短，中央棘约等长于软条，13 枚鳍棘，9 鳍条；臀鳍基底约等长于背鳍软条部的基底，具 2 鳍棘，第一棘退化而小，6 鳍条；胸鳍末端呈圆形，延伸至臀鳍起点后方，不分枝亦无游离鳍；腹鳍鳍条 I+5，位于胸部；尾鳍圆形。体色红色至浅褐色，侧线上方体侧具 6 条褐色横纹；眼眶周围有 3 ~ 4 条辐射排列的褐色条纹。背鳍硬棘部红色且散布斑驳；背鳍软条部、胸鳍、臀鳍及尾鳍皆为淡红色，散布深色斑点。

【采集与分布】：全年均可捕捞。捕后，去除鳞片及内脏，洗净，鲜用或晒干备用。分布于中国浙江大陈岛，广东汕尾、广州和闸坡等东海和南海海域。

【药用价值】：滋补肝肾、清热解毒。主治肾虚腰痛、慢性肝炎。

毒鲉科 Synanceiidae

▌日本鬼鲉 *Inimicus japonicus*

【中文名】：日本鬼鲉 rì běn guǐ yóu

【拉丁名】：*Inimicus japonicus*

【科　属】：毒鲉科鬼鲉属

【形态特征】：体延长，前部粗大，后部稍侧扁。头部宽大，头上和头侧具凹陷和突起，颅骨被皮膜遮盖。头部棘和棱粗钝。无鼻棘；具眶前棘、眶上棘、眶后棘、蝶耳棘、翼耳棘、肩胛棘、顶棘和项棘各 1 枚；后颞棘 2 枚。吻宽阔。眼小，高而突出。眼前吻侧具 1 个深凹。眶前骨下缘具 2 枚棘及 2 片皮瓣。眼间隔宽，深凹。口中等大小，上位，口裂几乎垂直。上颌骨后部具 1 片皮须；下颌下方具 2 对皮须。上下颌具绒毛状牙群。犁骨具绒毛状牙。腭骨无牙。鳃孔宽大。前鳃盖骨具 4～5 枚棘；鳃盖骨上具 2 枚弱棘。鳃耙颗粒状，有细刺。体光滑无鳞，头部、体前部、胸鳍前面及背鳍鳍棘部均具皮瓣。侧线上侧位。背鳍连续，鳍棘发达，仅端部露出，有许多丝状突起，前方 3 棘分离；最后的鳍条有膜与尾柄相连。臀鳍中后部鳍条较长，最后的鳍条有膜与尾柄相连。胸鳍宽大，下方有2 指状游离鳍条。腹鳍长大，第 5 鳍条有膜与体壁相连。尾鳍圆形。体色变化大，为深褐色或紫红色。胸鳍内侧有褐色斑点或条纹。各鳍暗褐色，具白点或白线。

【采集与分布】：全年均可捕捞。捕后剖腹，去除内脏，取肉洗净入药，鲜用。中国各沿海海域均有分布。

【药用价值】：清凉解毒、滋补肝肾、补虚截疟。适用于肾虚腰疼、慢性肝炎、小儿疮疖等病症。

腾头鲉 *Trachicephalus uranoscopa*

【中文名】：腾头鲉 téng tóu yóu

【拉丁名】：*Trachicephalus uranoscopa*

【科　属】：毒鲉科腾头鲉属

【形态特征】：体型呈延长的圆柱形，后部逐渐侧扁。背部线条平直，而腹部则呈现斜弧形状。躯干的前半部分相对较高，其高度在腹鳍基部达到最大，躯干的长度大约是尾长的 0.6 倍。尾柄较短，其长度大约是尾柄高度的 1.2 倍。头部粗壮且短小，高度和宽度大致相等，头顶部几乎平整，而下部则呈凹弧形。吻部长度适中，宽度圆润，其长度略大于眼睛直径。鼻孔有 2 个，彼此相隔较远，前鼻孔较小且靠近吻端，后鼻孔位于眼睛和吻端的中间位置。眼睛较小，圆形，位于头部的背部，眼球向外突出，其上外方向吻端的距离大约是眼后头部长度的五分之二。眼间距较宽且凹陷，宽度大约是眼睛直径的 1.6 ~ 2.7 倍。鱼的口部较大，位于上方，口裂垂直，长度约为头部长度的 0.3 倍。头部和体前部上侧通常有小皮突。侧线位于上侧，靠近背缘，平直，延伸至尾鳍基底上侧，前部有细小的双叶皮瓣。体呈褐色，散布有黑色小斑点和灰色斑点，最大的斑点约等于眼睛直径。胸鳍后半部有多条褐色弧线，各鳍通常有白色斑点，尾鳍后缘为白色。

【采集与分布】：全年均可捕捞。捕后剖腹，去除内脏及鳍，取鲜肉入药。分布于中国广西、广东、福建、台湾、海南等沿海海域。

【药用价值】：滋补肝肾。适用于肾虚腰痛、慢性肝炎等病症。

鮟鱇目 Lophiiformes

蝙蝠鱼科 Ogcocephalidae

▌棘茄鱼 *Halieutaea stellata*

【中文名】：棘茄鱼 jí jiā yú
【拉丁名】：*Halieutaea stellata*
【科　属】：蝙蝠鱼科棘茄鱼属

【形态特征】：体平扁且短小。头部宽阔，呈圆盘状，前端不突出，吻短且中部内凹，形成吻凹窝。眼中等大小，位于头盘背部靠近吻端，眼间隔凹入。口大，前位，横裂，上颌稍长于下颌。下颌下缘及口隅有许多小强棘。上下颌牙细小且尖锐，呈绒毛带状排列，犁骨、腭骨及舌上均无牙齿。下咽部牙丛呈三角形。体无鳞，背面有颗粒状棘，基部呈星状，具 4～5 个基叶，棘间皮肤密布绒毛状小刺。眶上棘和吻上棘尖长；吻凹窝周围有强棘，头盘周围有粗强的硬棘。体盘周缘有 1 行粗短硬棘，尾部两侧各有 1 行较大硬棘。腹面皮肤光滑无棘，且无侧线。第一背鳍仅具 1 鳍棘，形成短柄状吻触手；第二背鳍位于尾部，鳍基较短。臀鳍较大，与第二背鳍相对。胸鳍短圆，位于侧中位。左右腹鳍愈合为 1 短棘，能活动；腹鳍棘后方鳍膜发达，呈扇状，膜上有鳍条状突起。尾鳍圆形。体红褐色，背面有许多黑色小点连成的不规则网纹或虫纹，腹面为白色。背鳍、胸鳍及尾鳍边缘为黑色，臀鳍和腹鳍为浅红色。

【采集与分布】：全年均可捕捞。捕后全鱼晒干备用，或去除内脏将鱼洗净备用。中国各沿海海域均有分布。

【药用价值】：滋阴、补肾、缩尿。适用于小儿遗尿。

节肢动物门 Arthropoda

肢口纲 Merostomata

剑尾目 Xiphosura

鲎科 Tachypleidae

中国鲎 *Tachypleus tridentatus*

> 【中文名】：中国鲎 zhōng guó hòu
> 【拉丁名】：*Tachypleus tridentatus*
> 【科　属】：鲎科鲎属

【形态特征】：中国鲎的躯体结构独特，分为明显的 3 个部分：头胸部、腹部和尾剑。头胸部覆盖着发达的马蹄形背甲，背甲背面拱起，边缘呈圆弧形。甲壳上有 3 条明显的纵脊，中央的纵脊前端两侧各有 1 个单眼，而两侧的纵脊外侧则各有 1 个复眼。腹面则凹下，周围环绕着 6 对附肢，这些附肢有助于它们在海底活动和捕食。中国鲎的腹部呈六角形，而尾剑则细长，其断面呈三角形。体色通常为黑褐色。

【采集与分布】：国家二级保护动物。禁止任何单位或个人非法捕杀、收购、加工、携带或出售。分布于中国广西、广东、香港、海南、浙江等沿海海域。

【药用价值】：鲎肉可清热明目、解毒消肿、杀虫止血，适用于脓疱疮、白内障、目赤肿痛、翳膜遮睛、痔疮等病症。鲎壳可化痰止咳、散瘀、解毒，适用于咳嗽气急、喉中痰鸣、跌打损伤、创伤出血、烫伤、丹毒等病症。鲎尾可止血、止痢，适用于肺痨咯血、鼻衄、胃出血、肠风下血、赤白久痢、崩漏、带下、外伤出血等病症。鲎胆可祛风杀虫，适用于麻风、疥疮等病症。

■ 圆尾鲎 *Carcinoscorpius rotundicauda*

> 【中文名】：圆尾鲎 yuán wěi hòu
> 【拉丁名】：*Carcinoscorpius rotundicauda*
> 【科　属】：鲎科褐鲎属

【形态特征】：圆尾蝎鲎的体型由 3 个主要部分组成：一个有刺边缘的圆顶形前甲壳、一个较小的后甲壳，以及 1 个独特的圆形横截面的尾部，通常称为尾巴。这种圆形尾巴在鲎类中是独一无二的，能够帮助身体在翻倒时轻易地翻转回正面。圆尾蝎鲎是现存 4 种鲎中最小的一种，雌性通常体型大于雄性。圆尾蝎鲎有两对复眼，主要用于寻找配偶，还有 1 对中眼、顶壁眼和腹眼，腹眼可能有助于游泳时的定位。它们还拥有 6 对附肢，第一对螯肢较小，用于取食，而其余 5 对则用于行走和推动。雄性的前两对行走腿具有特殊的钩状结构，其在交配期间用于固定雌性。在它们的腿后方是书鳃，这些鳃不仅有助于游泳，还负责呼吸气体的交换。

【采集与分布】：国家二级保护动物。禁止任何单位或个人非法捕杀、收购、加工、携带或出售。捕后洗净，取肉鲜用、晒干或腌制。分布于中国北部湾 20 米水深以内浅海、雷州半岛和海南西部沿海海域。

【药用价值】：鲎肉可清热明目、解毒消肿、杀虫，适用于目赤肿痛、翳膜遮睛、青光眼、白内障、脓疱疮、痔疮等病症。鲎壳可化痰止咳、活血祛瘀、解毒、止血，适用于咳嗽气急、喉中痰鸣、跌打损伤、创伤出血、烫伤、带状疱疹、丹毒等病症。鲎尾可止血、止痢、清热解毒，适用于肺痨咯血、鼻衄、胃出血、肠风下血、外伤出血、赤白久痢、崩漏、带下、疔疮、皮肤过敏等病症。鲎卵可清热解毒、明目，适用于目赤、青光眼。

节肢动物门 Arthropoda

软甲纲 Malacostraca

口足目 Stomatopoda

虾蛄科 Squillidae

▎口虾蛄 *Oratosquilla oratoria*

【中文名】：口虾蛄 kǒu xiā gū
【拉丁名】：*Oratosquilla oratoria*
【科　属】：虾蛄科口虾蛄属

【形态特征】：口虾蛄亦称东方虾蛄。头部与腹部的前四节愈合，背面头胸甲与胸节明显。腹部7节，分界亦明显，而较头胸两部大而宽，头部前端有大型的具柄的复眼1对，触角2对。第一对内肢顶端分为3个鞭状肢，第二对的外肢为鳞片状。胸部有5对附肢，其末端为锐钩状，以捕挟食物。腹部6节，前5节的附属肢具鳃，第6对腹肢发达，与尾节组成尾扇。虾蛄雌雄异体，雄者胸部末节生有交接器。

【采集与分布】：全年均可捕捞。捕后去壳，取肉鲜用或晒干备用。分布于中国南海、东海、黄海、渤海等海域。

【药用价值】：止咳平喘、缩尿。

猛虾蛄 *Harpiosquilla harpax*

【中文名】: 猛虾蛄 měng xiā gū
【拉丁名】: *Harpiosquilla harpax*
【科　属】: 虾蛄科猛虾蛄属

【形态特征】: 体背呈浅褐青色。隆脊及体节后缘呈黑褐色。第六腹节的亚中央脊深绿色。尾柄中央脊的两边有 1 对深色斑点；尾柄基刺脊呈绿色。尾肢的内肢边缘呈黑褐色，外肢则为黄褐色。眼睛具双角膜。额角板呈三角形，前端较修长。头胸甲具有中央脊，其后侧边缘深入向内凹陷。捕肢的指节各具 8 齿；掌节外缘具有 1 列修长而笔直的小刺。第五胸节有圆浑后缘。第六至第八胸节的亚中央脊及中间脊不具刺。第一至第五腹节具矮小的亚中央脊。尾肢的外肢前端外缘具 8 ~ 10 只可动刺。

【采集与分布】: 全年均可捕捞。捕后去壳，取肉鲜用或晒干备用。分布于中国南海、东海、黄海、渤海等海域。

【药用价值】: 止咳平喘、缩尿。

伍氏平虾蛄 *Erugosquilla woodmasoni*

【中文名】：伍氏平虾蛄 wǔ shì píng xiā gū

【拉丁名】：*Erugosquilla woodmasoni*

【科　属】：虾蛄科平虾蛄属

【形态特征】：额板短，略宽，呈梯形，侧缘平直。捕食爪指节具有 6 齿。第一腹节侧脊具有后刺。尾柄中央脊两侧不具有突起排列的突瘤，侧前叶与侧刺边长几乎等长。全身为浅灰绿色，尾肢外肢为蓝色，第一触角柄为红色到褐紫红色。

【采集与分布】：全年均可捕捞。捕后去壳，取肉鲜用或晒干备用。分布于中国南海、东海、黄海、渤海等海域。

【药用价值】：止咳平喘、缩尿。

长叉三宅虾蛄 *Miyakella nepa*

【中文名】：长叉三宅虾蛄
　　　　　 cháng chā sān zhái xiā gū
【拉丁名】：*Miyakella nepa*
【科　属】：虾蛄科三宅虾蛄属

【形态特征】：体表多皱具洼点。头胸甲具有前外侧刺，中央脊明显，中央脊前端具分叉。具大颚须。捕食爪指节有6齿。尾柄中央脊明显，两侧没有附加其他纵脊。亚中央齿末端为固定刺。头胸甲颈沟与双叉之间的中央脊单一。腹节第四节亚中央脊末端具尖刺。全身体色为橄榄灰－绿色。头胸甲上的沟和脊，体节后缘和脊为墨绿色。尾柄中央脊和尾柄主齿为绿色。

【采集与分布】：全年均可捕捞。捕后去壳，取肉鲜用或晒干备用。分布于中国南海、东海、黄海、渤海等海域。

【药用价值】：止咳平喘、缩尿。

亚洲小口虾蛄 *Oratosquillina asiatica*

【中文名】：亚洲小口虾蛄
　　　　　yà zhōu xiǎo kǒu xiā gū
【拉丁名】：*Oratosquillina asiatica*
【科　属】：虾蛄科小口虾蛄属

【形态特征】：体表有细小的洼点。头胸甲具有前外侧刺。头胸甲具有明显的中央脊与前端基部不相连的分叉。捕食爪指节有 6 齿，腕节背部呈结节状。具大颚须。第 4 腹节亚中央脊后方具尖刺。额板通常具有短的中央脊。尾柄中央脊两侧没有附加其他纵脊。全身体色为呈浅灰色，有深色斑点。头胸甲的脊和腹部亚中央脊为暗红色。尾柄的脊为暗蓝 – 绿色。尾肢外肢中节后段半为蓝色、末节为黄色。

【采集与分布】：全年均可捕捞。捕后去壳，取肉鲜用或晒干备用。分布于中国南海、东海、黄海、渤海等海域。

【药用价值】：止咳平喘、缩尿。

十足目 Decapoda

对虾科 Penaeidae

▌斑节对虾 *Penaeus monodon*

【中文名】：斑节对虾 bān jié duì xiā

【拉丁名】：*Penaeus monodon*

【科　属】：对虾科对虾属

【形态特征】：体表光滑，壳质略厚，体色主要由暗绿色和棕色的相间横斑组成，腹肢的柄部外侧呈现黄色。额角延伸至第一触角柄的末端，末端较为粗大，略微向上弯曲，其齿式为 6～8 对上齿和 2～4 对下齿。额角之后的脊线延伸至头胸甲的后缘，额角侧沟延伸至胃上刺的下方，额角侧脊较低且钝。从第四至第六节的背面中央具有纵脊，尾节的长度超过第六节，背部中央有纵沟，但没有侧刺。

【采集与分布】：春季至夏季捕捞，捕后洗净去壳，取肉入药，鲜用或煮熟后晒干备用。分布于中国广西、广东、福建、台湾、浙江等沿海海域。

【药用价值】：补益肝肾、熄风止痉。主治肾虚阳痿、阴虚风动、手足搐搦、中风半身不遂、乳疮、溃疡日久不敛、半身不遂等病症。

【中文名】：墨吉对虾 mò jí duì xiā
【拉丁名】：*Penaeus merguiensis*
【科　属】：对虾科对虾属

【形态特征】：体表光滑，额角基部和尾肢末端具有粉红色色泽，而尾节的后半部则呈现青绿色。额角相对较短，不延伸至第二触角鳞片的末端，其基部的背脊非常高，从侧面看略呈三角形，额角后脊向后延伸，接近头胸甲的后缘。第一触角的上鞭较短，长度不超过头胸甲的长度。在雄性个体中，第三颚足较为粗大，其指节较短，长度大约是掌节长度的一半至五分之三，指节上覆盖着从掌节末端伸出的丛毛。第三颚足的螯部长度足以完全超过第二触角鳞片的末端。

【采集与分布】：春季捕捉，取肉鲜用或晒干备用，虾壳洗净晒干备用。分布于中国广西、广东、福建沿海海域；印度、菲律宾等海域亦有分布。

【药用价值】：肉补肾壮阳、健胃补气、祛痰、敛疮。壳可祛湿、安神、止痒。肉主治肾虚阳痿、阴虚风动、手足搐、中风半身不遂、筋骨疼痛、乳汁不下、乳痈、阴疽、恶核、寒性脓疡、疮口日久不敛、麻疹。壳主治神经衰弱疥癣、秃疮。

日本囊对虾 *Penaeus japonicus*

【中文名】：日本囊对虾 rì běn náng duì xiā

【拉丁名】：*Penaeus japonicus*

【科　属】：对虾科对虾属

【形态特征】：体表光滑，壳质薄且透明，体表散布棕色小斑点，死后斑点会转为白色。在成熟雌虾的产卵季节，其绿色性腺可透过甲壳清晰地看到，充满头胸甲和腹部背面。额角基部和尾肢末端呈现粉红色，而尾节后半部则为青绿色。额角基部的背脊非常高，从侧面看略成三角形，前端平直且细长，末端尖锐，延伸至第一触角柄的第二或第三节中部。额角上缘有 6 ~ 9 个齿，这些齿较均匀分布；下缘则有 4 ~ 5 个齿。额角后脊延伸至头胸甲后缘。头胸甲没有中央沟，眼眶触角沟非常明显；肝沟浅而细，不太显著；颈沟呈弧形，向前并与眼眶触角沟相连；额角侧沟浅，向后延伸至胃上刺下方后消失。眼胃脊明显，但没有肝脊和额胃脊。从腹部第四节中部至第六节背面中央有纵脊。尾节比第六节短，末端尖锐，侧缘没有活动刺。第一、四、五对步足长度大致能延伸至第一触角柄的第一节中部，雄性的第一对步足能伸至第一触角柄的第一末端，第三对步足能伸至第一触角柄末端，雄性甚至能伸至第二触角鳞片的末端。第一对步足具有基节刺和座节刺，而第二对步足仅有基节刺，没有座节刺。5 对步足都有外肢，但第五对步足的外肢较小。

【采集与分布】：春季捕捞，捕后取肉鲜用，或煮熟后晒干备用。分布于中国广西、广东、福建、江苏等沿海海域。

【药用价值】：补肾壮阳、健胃补气、祛痰、敛疮。适用于肾虚阳痿、遗精、神经衰弱、脾胃虚弱、气虚、疮口不敛、手足抽搐等病症。

■ 长毛对虾 *Penaeus penicillatus*

【中文名】：长毛对虾 cháng máo duì xiā

【拉丁名】：*Penaeus penicillatus*

【科　属】：对虾科对虾属

【形态特征】：身体颜色为淡棕黄色。额角上缘有 7 ~ 8 个齿，下缘则有 4 ~ 6 个齿。从侧面观察，额角基部的高度介于中国对虾和墨吉对虾之间，额角后脊延伸至头胸甲后缘附近，但整个头胸甲没有中央沟。第一触角的鞭比头胸甲略长。雄性个体的第三颌足末节具有类似毛笔的长毛，这些长毛的长度是末第二节的 1.2 ~ 2.7 倍。额角脊上存在断续的凹点。雌性的交接器前片顶端的疣突相较于墨吉对虾较小。

【采集与分布】：春季捕捞，去壳取肉鲜用或冻藏，或煮熟晒干备用，壳也可入药。分布于中国广西、广东、福建等沿海海域。

【药用价值】：补肾壮阳、健脾补气、祛痰、敛疮、镇静。适用于肾虚阳痿、遗精、脾胃虚弱、筋骨疼痛、手足搐溺、皮肤瘙痒、头疮、疥疮、失眠等病症。

细巧仿对虾 *Parapenaeopsis tenella*

【中文名】：细巧仿对虾 xì qiǎo fǎng duì xiā

【拉丁名】：*Parapenaeopsis tenella*

【科　属】：对虾科仿对虾属

【形态特征】：身体细长，覆盖着薄而平滑的甲壳。额角较短且直，上缘基部略微突出，带有 6 ~ 8 个锯齿。头胸甲没有胃上刺，眼上刺较小。触角刺上方存在 1 个向后延伸的纵缝，长度大约为头胸甲的三分之二。腹部的第三至第六节背面有微弱的纵脊。第一和第二步足拥有基节刺，而第五步足特别细长。雄性的交接器形状类似锚。雌性的交接器特点是前板较宽，中央有 1 条深纵沟，前板与后板之间存在膜质间隙，后板不会覆盖在前板上。头胸甲以及腹部的各节散布着棕红色的斑点，特别是头胸甲的前缘和后缘，以及腹部各节的后缘，颜色更为深沉。

【采集与分布】：春季捕捞，捕后去壳取肉鲜用、冷藏或煮熟后晒干备用，壳也可入药。分布于中国南海、东海以及山东半岛以南的黄海海域。

【药用价值】：补益肝肾、熄风止痉、托疮解毒、通经下乳、透疹。适用于肾虚阳痿、阴虚风动、手足搐溺、筋骨疼痛、乳汁不下、乳痈、阴疽、恶核、寒性脓疡、疮口日久不敛、麻疹、中风导致的半身不遂等病症。

刀额新对虾 *Metapenaeus ensis*

【中文名】：刀额新对虾 dāo é xīn duì xiā

【拉丁名】：*Metapenaeus ensis*

【科　属】：对虾科新对虾属

【形态特征】：身体颜色为淡褐色，体表光滑，并散布着许多青色的小点。在体表的凹下部分，生长着短毛。雄性的额角平直，而雌性的额角末端轻微向上弯曲，齿式为 6～9 个上齿而无下齿。额角后脊延伸至头胸甲的后缘，额角侧沟和侧脊越过胃上刺。腹部从第 3～6 节的背面中央有光滑的纵脊，第五节和第六节的背脊特别高且尖锐，第五节的两侧中央有 1 条脊，第六节的两侧则有 2 条脊。尾节具有中央沟，但没有侧缘刺。

【采集与分布】：春季至夏季捕捞，捕后去壳取肉，鲜用或晒干备用。分布于中国广西、广东、福建、浙江等沿海海域。日本、菲律宾、马来西亚、印度尼西亚、澳大利亚等海域亦有分布。

【药用价值】：滋补强壮、解毒。适用于肝炎、肾炎。

近缘新对虾 *Metapenaeus affinis*

【中文名】: 近缘新对虾 jìn yuán xīn duì xiā
【拉丁名】: *Metapenaeus affinis*
【科　属】: 对虾科新对虾属

【形态特征】: 体表光滑, 雄性通常呈浅棕色, 而雌性体色较淡。性成熟的个体在背部性腺区域会呈现浅绿色。步足和腹肢为棕红色, 尾扇的末端常常带有浅黄色。身体多毛, 头胸甲的鳃区大部分被鳃所覆盖, 除了心鳃等部分。额角在雄性中平直并稍微弯曲, 末端上扬, 接近第一触角柄的末端; 而在雌性成体中较短, 仅达到第一触角柄的第二节末端, 不会延伸至第三节末。额角上缘通常有 7 ~ 8 个齿, 偶尔只有 5 个齿 (不包括胃上齿), 以 7 齿的情况较为常见。额角末端的五分之一及下缘没有齿。头胸甲的颊角为圆形, 触角刺较大, 限胃脊清晰可见。额角后脊几乎延伸至头胸甲的后缘, 额角脊及沟延伸至胃上刺稍后方。触角脊和心鳃脊都很明显。头胸甲具有清晰的颈沟和眼后沟, 眼眶触角沟延伸至肝刺前方, 心鳃沟也十分明显。腹部从第四节的背面中部至第六节具有纵脊, 第六节的纵脊末端形成小刺; 第六节稍短于尾节, 后下侧角有 1 小刺。尾节背面有纵沟, 两侧没有大刺, 但有一系列微小的刺。第三对步足可伸至或略超出第一触角柄的末端; 第一和第四对步足末端平齐, 伸至眼中部; 第二对步足伸至第一触角柄的第一节末端。第五对步足细长, 可伸至或略超出第一触角柄的第二节末端。第一至第三对步足具有基节刺, 第一对步足的座节刺可能很小或不存在。雄性的第五对步足长节内缘近基部有 1 个小突起。

【采集与分布】: 春季至夏季捕捞, 捕后去壳取肉, 鲜用或晒干备用。分布于中国广西、广东、福建、浙江、江苏、山东、河北等沿海海域。

【药用价值】: 滋补强壮、解毒。适用于肝炎、肾炎。

【**中文名**】：周氏新对虾 zhōu shì xīn duì xiā
【**拉丁名**】：*Metapenaeus joyneri*
【**科　属**】：对虾科新对虾属

【**形态特征**】：甲壳较薄且表面光滑，体色为淡黄色，上面散布着许多蓝褐色的小点。身体上有许多凹下部分，这些部位生有短毛。额角较短，伸至第一触角柄的第三节末端附近，雌性的额角比雄性略长，并且末端稍微向上升起。齿式为上缘 6～8 个齿，下缘无齿。额角后脊延伸至头胸甲后缘附近，额角侧沟则延伸至胃上方的刺前方。头胸甲没有纵缝，心鳃沟非常明显。腹部的第一至第六节背面中央都有脊。尾节比第六节略长，背面有纵沟，但侧缘没有刺。第一对步足没有座节刺。

【**采集与分布**】：春季捕捞，捕后洗净去壳，取肉入药，鲜用或煮熟后晒干备用。分布于中国广西、广东、山东等沿海海域。

【**药用价值**】：补益肝肾、熄风止痉。适用于肾虚阳痿、阴虚风动、手足搐搦、乳痈、溃疡日久不敛、中风导致的半身不遂等病症。

鼓虾科 Alpheidae

▍鲜明鼓虾 *Alpheus digitalis*

【中文名】：鲜明鼓虾 xiān míng gǔ xiā
【拉丁名】：*Alpheus digitalis*
【科　属】：鼓虾科鼓虾属

【形态特征】：额角短小，呈刺状，而头胸甲表面光滑，没有刺。额角后脊延伸至头胸甲的中部附近。腹部的各节显得粗短且呈圆形。尾节形状像舌头，背部中央有1条纵沟，其两侧前部和后部分别有1对可以活动的刺。大螯的钳部扁平，外缘比内缘更为厚重，掌部外侧没有横沟。体色非常鲜艳且美丽，带有醒目的花纹。特别是在第五腹节的后缘中部，有1个棕色的圆点。

【采集与分布】：加工或食用时，剥取虾壳、洗净晒干。干品于干燥处防潮储存。主要分布于印度－西太平洋海域，中国沿海海域均有分布。

【药用价值】：强壮益精、补肾兴阳、滋阴息风、托甲解毒。壮阳补肾、镇痉。

关公蟹科 Dorippidae

日本关公蟹 *Heikeopsis japonica*

【中文名】：日本关公蟹 rì běn guān gōng xiè

【拉丁名】：*Heikeopsis japonica*

【科　属】：关公蟹科拟平家蟹属

【形态特征】：头胸甲前半部分比后半部分窄，表面覆盖着短毛。额头的前缘有1处凹陷，凹陷中间有1条浅沟。腕节部位隆起，内缘同样覆盖有短毛；而掌节表面光滑，在背部和腹部边缘也长有短毛。前两对步足特别长，它们的长度可以达到头胸甲长度的3.4倍。相对地，后两对步足则较为细弱和短小，它们位于背部，并且具有钩状的指。

【采集与分布】：主要分布于日本、朝鲜；中国广西、广东、福建、台湾、浙江、辽东半岛等沿海地域。

【药用价值】：活血化瘀、解毒消肿。主治湿热黄疸、产后瘀滞腹痛、筋骨损伤、痈肿疔毒、漆疮、烫伤等病症。

静蟹科 Galenidae

▍双刺静蟹 *Galene bispinosa*

【中文名】:双刺静蟹 shuāng cì jìng xiè

【拉丁名】:*Galene bispinosa*

【科　属】:静蟹科静蟹属

【形态特征】:头胸甲前半部分比后半部分窄，表面覆盖有短毛。额头前缘有凹陷，凹陷中间有 1 条浅沟。腕节部位隆起，内缘生有短毛。掌节表面光滑，但在背部和腹部边缘也长有短毛。前两对步足较长，其长度是头胸甲长度的 3.4 倍。后两对步足则较为细弱和短小，位于背部，并配备有钩状的指。

【采集与分布】:主要分布于日本、朝鲜；中国广西、广东、福建、台湾、浙江、辽东半岛等沿海地域。

【药用价值】:活血化瘀、解毒消肿。被用于去翳明目等相关疾病治疗。

梭子蟹科 Portunidae

锯缘青蟹 *Scylla serrata*

【中文名】: 锯缘青蟹
jù yuán qīng xiè
【拉丁名】: *Scylla serrata*
【科　属】: 梭子蟹科青蟹属

【形态特征】: 头胸甲呈横卵圆形, 长度大约是宽度的三分之二, 背面隆起且光滑。胃区和心区具有明显的 "H" 形凹痕。胃区有 1 条细微且中断的横行颗粒线。从前侧缘末齿到鳃区各有 1 条斜行的颗粒线。额缘装备有 4 个齿, 这些齿长而尖, 长度平均约为额宽的 0.06 倍, 齿端钝且具有凹陷边缘, 齿间空隙呈圆形。前侧缘有 9 个大小相同的窄齿, 齿的外缘可能是直的或略微凹陷。螯足粗壮, 不对称, 座节前缘末端有 1 根刺, 长节前缘有 3 根刺, 后缘末部和末端各有 1 根刺。腕节内末角有 1 根粗壮的刺, 外缘末半部有 2 根明显的钝齿。掌节膨大, 在背面末端和近关节处各有两根和 1 根刺。当两指合拢时, 螯足之间有明显的空隙, 内缘有钝齿。步足上没有刺, 前三对步足的指节前后缘具有刷状短毛。最后一对步足的指节和掌节扁平, 呈桨状, 适合游泳。雄性的腹部呈宽三角形, 第三至第五节愈合。

【采集与分布】: 春季至秋季可捕捉, 捕捉后洗净入药或取壳晒干备用。分布于中国广西、广东、福建、台湾、浙江等沿海海域。

【药用价值】: 化瘀止痛、利水消肿、滋补强壮。适用于产后瘀阻腹痛、乳汁缺乏、水肿、过敏等病症。

【中文名】：拟穴青蟹 nǐ xué qīng xiè
【拉丁名】：*Scylla paramamosain*
【科　属】：梭子蟹科青蟹属

【形态特征】：背甲呈横椭圆形，两侧尖细。甲面平滑，前额有 4 颗等大的齿。背面胃区与心区之间有明显的 "H" 形凹痕。前侧缘连同眼窝外齿共有 9 颗相同大小的齿。第四对步足特化成扁平的桨状，非常适合游泳。游泳足没有明显的网状花纹。螯足的腕节外侧面末半部缺少 2 枚明显的棘刺。与另一种常见的锯缘青蟹相比，拟穴青蟹体型较小，更擅长挖穴。

【采集与分布】：春季至秋季可捕捉，捕捉后洗净入药或取壳晒干备用。分布于中国广西、广东、福建、浙江等沿海海域。

【药用价值】：活血化瘀、利水消肿、滋补强身。主治产后腹痛、乳汁不足、体虚水肿。

红星梭子蟹 *Portunus sanguinolentus*

【中文名】：红星梭子蟹 hóng xīng suō zǐ xiè
【拉丁名】：*Portunus sanguinolentus*
【科　属】：梭子蟹科梭子蟹属

【形态特征】：头胸甲形状为梭形，宽度约为长度的 2.2 倍。表面前部覆盖着细微颗粒和白色云纹，而后部则接近光滑。头胸甲后半部的心区与鳃区上分布有 3 个血红色的卵圆形斑点。内眼窝的齿比额齿更大。前侧缘弯曲呈弓状，共有 9 个齿，其中最后一个齿特别长，向侧面突出。螯足发达且强壮，其长度略大于头胸甲的宽度。螯足的可动指基部有一半部分带有血红色的斑点。

【采集与分布】：春季、秋季捕捞。捕后洗净，取蟹壳、蟹黄入药，晒干备用或冷藏。分布于中国广西、广东、台湾、福建等沿海海域。

【药用价值】：蟹壳可活血化瘀、破瘀消积、止痛消肿、清热解毒、消食化滞；蟹黄可止痛消肿、清热解毒。

■ 三疣梭子蟹 *Portunus trituberculatus*

【中文名】：三疣梭子蟹 sān yóu suō zǐ xiè
【拉丁名】：*Portunus trituberculatus*
【科　属】：梭子蟹科梭子蟹属

【形态特征】：头胸甲形状呈梭形，背面轻微隆起，表面分散着细小的颗粒。共具有3枚疣状突起，其中心区的2枚，胃区1枚，心区并列，胃区呈三角形排列。额具有2个锐利的刺，这些刺比内眼窝齿要小。背眼窝缘具2条缝，内外眼窝刺尖锐，腹内眼窝刺锐长。前侧缘包括内外眼窝共具9刺。螯足粗壮，长节形状呈棱柱形，前缘具有4枚锐棘，后缘末端有1刺。共有4对步足，前3对步足泛蓝色，第4对步足掌节和指节扁平、宽薄，适于游泳。雄性腹部附肢退化，仅存第一、第二附肢节特化为生殖器；雌性腹部有4对附肢，用于附着卵粒。

【采集与分布】：春季、秋季捕捞，捕后洗净，取蟹壳、蟹黄入药，晒干备用或冷藏。分布于中国广西、福建、浙江、江苏、山东、河北、天津、辽宁等沿海海域。

【药用价值】：蟹壳可活血化瘀、破瘀消积、止痛消肿、清热解毒、消食化滞；蟹黄可止痛消肿、清热解毒。

远海梭子蟹 *Portunus pelagicus*

【中文名】：远海梭子蟹 yuǎn hǎi suō zǐ xiè
【拉丁名】：*Portunus pelagicus*
【科　属】：梭子蟹科梭子蟹属

【形态特征】：头胸甲横卵圆形，宽约为长的2倍，背面密具较粗颗粒；中胃区具2条斜行的颗粒脊，后胃区具2条斜行颗粒隆脊；前鳃区1对，心区1对，中鳃区1对但不明显。额分4尖齿：中央齿短而小，侧额齿较粗大。内眼窝齿与侧额齿等大；眼窝缘外侧具1小钝齿，外眼窝齿突出。前侧缘共有9齿，末齿最长，向侧面突出。第三颚足长节末外角不突出，略呈钝圆形螯足粗壮；长节外缘末端具1刺，前缘有3刺；腕节内外角各具1刺；掌节有7条纵行隆脊（其中2条延伸至不动指末端）及3刺（1枚在基部，2枚在末端）；可动指背面有3条隆脊，两指长于掌，内缘有大小不等的钝齿。游泳足表面光滑，各节边缘有短毛；长节后缘无刺。雄性腹部呈三角形，第六腹节呈梯形，长宽约相等，侧缘基部稍凸。雄性第一腹肢基部五分之一处粗大，末五分之四趋细，弯向外侧，边缘具小刺。

【采集与分布】：春季、秋季捕捞。捕后洗净，取全蟹或蟹黄入药，晒干备用或冷藏。分布于中国广西、广东、福建、浙江等沿海海域。

【药用价值】：蟹壳可活血化瘀、破瘀消积、止痛消肿、清热解毒、消食化滞，适用于跌打损伤、乳痈、无名肿毒、疮毒疖肿、冻疮、产后血闭、饮食积滞等病症。蟹黄可止痛消肿、清热解毒，适用于皮肤溃疡、疮毒疖肿。

【中文名】：近亲蟳 jìn qīn xún
【拉丁名】：*Charybdis affinis*
【科　属】：梭子蟹科蟳属

【形态特征】：头胸甲宽度大约是长度的 1.5 倍，表面覆盖绒毛，前半部有横向的细隆线；额区、侧胃区和前胃区各有 1 对隆脊，中胃区与前鳃区各有 1 条隆线，后半部无隆线。额缘分 6 齿，全部为三角形，中间的 2 齿稍突出，第一侧齿为宽三角形，第两侧齿为尖锐三角形，略比第一侧齿突出。背内眼窝齿为三角形，背眼缘具颗粒，有 2 条裂缝；腹内眼窝齿尖锐，腹眼缘具颗粒，有 1 条裂缝。前侧缘具 6 齿，第一齿钝切，稍向内弯，第二至第五齿逐渐向后增大，末齿较小，呈刺状，向侧方突出，超过前面各齿。第 2 触角基节具尖锐的颗粒隆脊。第三颚足表面光滑，有小凹点，长节外末角略向外侧突出。螯足膨大，表面光滑或具细毛，长度约为头胸甲长的 2 倍；长节前缘有 3 齿，后缘具微小的颗粒；腕节内末角有 1 壮刺，外侧面有 3 小刺和 2 条隆线；掌节厚，背面有 2 条隆脊和 5 个刺，末部的 2 个刺很小，外侧面有 3 条光滑的隆脊，内侧面有 1 条光滑的隆脊；指节略长于掌部，内缘有大小不等的壮齿，两指合拢时指尖交义。游泳足长节长度约为宽度的 1.5 倍，后缘末端有 1 壮刺，前节后缘光滑。雄性第一腹肢末半部较粗壮，末端圆钝，略呈匙形，内外侧均有刚毛。雄性腹部三角形，表面光滑，第三至第五节合并为一体；第六节宽大于长，侧缘基半部近乎平行，末半部逐渐向末端汇拢；尾节近似等边三角形。

【采集与分布】：于海水退潮后到沿岸的石块下捕捉，或夏季、秋季在浅海用网捕捞，鲜用或晒干备用。分布于中国广西、广东、香港、台湾、福建、浙江等沿海地区。

【药用价值】：活血化瘀、通经下乳、消食除痞。主治血瘀经闭、产后瘀滞腹痛、乳汁不足、消化不良、食积痞满。

■ 日本蟳 *Charybdis japonica*

【中文名】：日本蟳 rì běn xún

【拉丁名】：*Charybdis japonica*

【科　属】：梭子蟹科蟳属

【形态特征】：头胸甲为横卵圆形，表面隆起，具有胃区和鳃区的隆脊。额部分为6齿，中央两齿稍为突出，而眼窝齿比额齿大，背眼缘有两缝，腹眼缘则呈齿状。前侧缘有6齿，末齿尖锐突出，腹面布满绒毛。第二触角基节较长，具有1个颗粒脊。第三颚足长节的外末角钝圆形，稍向外侧突出。螯足粗壮，不对称，长节前缘有3个壮齿，腕节内末角有1个壮刺，外侧面有3个小刺，掌节背面有5个齿，指节长于掌节，表面有纵沟。游泳足长节约为宽的1.5倍，后缘近末端有1个锐刺，前节后缘光滑无齿。雄性第一腹肢末部细长，末端外侧有很多刚毛，腹部呈三角形，第六节宽大于长，两侧缘稍拱，尾节三角形，末缘圆钝。

【采集与分布】：于海水退潮后到沿岸的石块下捕捉，或夏季、秋季在浅海用网捕捞，鲜用或晒干备用。分布于中国广西、广东、台湾、福建、浙江、山东、辽宁等沿海海域。

【药用价值】：活血化瘀、通经下乳、消食除痞。主治血瘀经闭、产后瘀滞腹痛、乳汁不足、消化不良、食积痞满。

锈斑蟳 *Charybdis feriata*

【中文名】：锈斑蟳
xiù bān xún
【拉丁名】：*Charybdis
feriata*
【科　属】：梭子蟹科
蟳属

【形态特征】：头胸甲宽约为长的 1.6 倍，表面光滑。中胃区、心区与中鳃区隆起，中胃区与后胃区各有 1 对模糊的隆线。胃心区具一对模糊的"H"形沟，在前鳃区，从"H"沟向最末前侧齿的基部伸展出 1 对模糊的隆线。额部分为 6 齿，中央 4 齿大小相近，中间1 对位置较低，侧齿窄而尖锐。内眼窝齿呈钝三角形，外眼窝齿短小而平，背眼窝缘具两缝。前侧缘分为 6 齿，第一齿平钝，前缘中部内凹，第二齿前、外缘均拱曲，第三至第五齿大小相近，末端刺形，末齿小于其他各齿，但较尖锐而突出。第二触角基节具低平的颗粒隆脊。第三颚足长节外末角略斜向外侧方。螯足相当粗壮，不对称；长节表面光滑，前缘末半部具 3 壮齿，基半部具颗粒或小齿；腕节内末角具 1 壮刺，外木角具 3 小刺，外侧面具 2 条平钝、光滑的隆脊；掌节背面具 4 齿，外侧面具 2 条隆线，下面的一条延续至不动指的末端，内侧面也具 1 条隆线，腹面光滑；指节长短与掌部相近。游泳足长节后缘具刺，前节后缘光滑，具 1 小钝刺。雄性第一腹肢末部细长，末端外侧刚毛众多，内侧刚毛刺状。雄性第六腹节宽大于长，两侧缘梢拱曲，前缘长约为后缘的三分之二。

【采集与分布】：于海水退潮后到沿岸的石块下捕捉，或夏季、秋季在浅海用网捕捞，鲜用或晒干备用。分布于中国广西、广东、台湾、福建等沿海海域。

【药用价值】：活血化瘀、通经下乳、消食除痞。主治血瘀经闭、产后瘀滞腹痛、乳汁不足、消化不良、食积痞满。

直额蟳 *Charybdis (Goniohellenus) truncate*

> 【中文名】：直额蟳 zhí é xún
>
> 【拉丁名】：*Charybdis (Goniohel-lenus) truncata*
>
> 【科　属】：梭子蟹科蟳属

【形态特征】：头胸甲的宽度约为长度的 1.3 倍，密覆绒毛，分区明显。额后区与侧胃区各有 1 对颗粒隆线，中胃区、后胃区及前鳃区具有几条隆线。中鳃区及心区有成对的颗粒群。额部分为 6 个钝齿，中央 1 对稍突出，第一侧齿内缘斜，与中额齿重叠，第二侧齿较小，与第一侧齿间隔较深。前侧缘分为 6 齿，第一齿斜切，第二至第四齿大小递增，末端尖锐，第五齿较小，第六齿最小，各齿的外缘及表面分别具锯齿与颗粒。后缘平直，两端角状。第二触角基节具低平的颗粒隆脊。螯足粗壮，不等称，长度约为头胸甲长度的 2.7 倍，长节前缘具 3 刺，后缘具小刺，表面具排列成横脊的颗粒。腕节背面的 3 条颗粒隆脊清晰可辨。掌节背面具 3 刺，外缘中部有时具 1 小刺，一共具 7 条颗粒隆脊。大螯指节与掌部等长，小螯指节稍长于掌部。游泳足长节后缘近末端处具 1 锐刺，后末角具 1 小刺，前节后缘具小刺。雄性第一腹肢基部粗大，末半部细且直，外侧面具羽状毛。雄性腹部三角形，第三至第五节愈合，具 1 隆脊，第六节两侧缘极拱，尾节近似于等边三角形。

【采集与分布】：于海水退潮后到沿岸的石块下捕捉，或夏季、秋季在浅海用网捕捞，鲜用或晒干备用。分布于中国浙江、福建、广东、广西、台湾、香港、南沙群岛等沿海海域。

【药用价值】：活血化瘀、通经下乳、消食除痞。主治血瘀经闭、产后瘀滞腹痛、乳汁不足、消化不良、食积痞满。

软体动物门 Mollusca

头足纲 Cephalopoda

乌贼目 Sepiida

耳乌贼科 Sepiolidae

双喙耳乌贼 *Sepiola birostrata*

【中文名】：双喙耳乌贼 shuāng huì ěr wū zéi

【拉丁名】：*Sepiola birostrata*

【科　属】：耳乌贼科耳乌贼属

【形态特征】：体表有许多点状色素斑。胴背部与头部相连。肉鳍大，约为胴长的三分之二，略近圆形，位于胴中部稍偏后方的两侧，状如两耳。无柄腕长度略有差异，腕式一般为 3＞2＞1＞4，吸盘排列为两行，角质环外缘无齿。雄性左侧第 1 腕茎化，较右侧对应腕粗而短。顶部骤然变细，似一鞭状物，顶部吸盘正常，基部吸盘大半退化，有 4～5 个小吸盘，向上靠外侧边缘生有大小不等的 2 个弯曲的喙状肉刺，其中上面的一个较大，顶部三分之二处密生 2 行三棱形的突起，突起尖端有小吸盘。触腕细长，长度约为胴长的 2 倍，穗小，约为全腕长度的六分之一。吸盘极小，大小相近，基部 4 行，向上可达 16 行，细绒状，触腕吸盘角质环外缘具尖形小齿。内壳完全退化。直肠两侧各具 1 个颇大的马鞍形腺体发光器。

【采集与分布】：春季、夏季捕捞。捕后去除内脏，取肉鲜用或晒干入药。分布于中国广西、台湾、浙江等沿海海域。

【药用价值】：祛风除湿、清热解毒、活血化瘀、健骨强筋、滋补强壮，适用于风湿腰痛、疮疖、腰肌劳损、肌肉痉挛、小儿疳积、产后体虚等病症。主治风湿腰痛、下肢溃疡、腹泻、石淋、白带、痈疮疔肿、病后或产后体虚、小儿疳积。

乌贼科 Sepiidae

■ 曼氏无针乌贼 *Sepiella inermis*

【中文名】：曼氏无针乌贼 màn shì wú zhēn wū zéi

【拉丁名】：*Sepiella inermis*

【科　属】：乌贼科无针乌贼属

【形态特征】：胴部呈盾形，胴长约为胴宽的 2 倍。胴背上有许多近椭圆形的白花斑，由致密的褐色色素斑所衬托，十分明显。雄性的白花斑较大，间杂有一些小白花斑；雌性的白花斑较小且大小相近。肉鳍前部狭窄，后部宽大，位于胴部两侧全缘，在末端分离。吸盘排列为 4 行，各腕吸盘大小相近。雄性腕吸盘角质环的尖齿明显而长；雌性腕吸盘角质环的小齿或不明显，或呈短栅状。雄性左侧的第四腕茎化，基部的吸盘骤然变小并稀疏。触腕穗为狭柄形，约为全腕长度的四分之一，吸盘约 20 行，小而密，大小相近，其角质环多具颗粒状小齿。雌性触腕穗吸盘角质环的小齿有时也有少数略呈尖形。内壳椭圆形，长度约为宽度的 3 倍。外圆锥体后端特宽而薄，半透明，并具纵横的稀疏细纹。壳的背面具同心环状排列的石灰质颗粒，细而密，中央有 1 条明显隆起的纵肋。腹面前部隆起明显，横纹面略呈椭圆形，横纹水波状，小而密，波顶较尖。壳的后端无骨针，在胴腹后端有 1 个皮脂腺性质的腺孔。

【采集与分布】：春季、夏季采捞乌贼蛋，洗净，鲜用或晒干入药。每年 4—6 月捕得乌贼后，肉洗净，鲜用或晒干备用。剖取墨囊，洗净，烘干。分布于中国广西、台湾、浙江等沿海海域。

【药用价值】：乌贼蛋可健脾开胃、补肾壮腰、利水消肿，乌贼肉可养血滋阴、活血调经，乌贼墨可活血化瘀、温经止血。乌贼蛋适用于中焦失运、食欲不振、水湿内停、水肿等病症，乌贼肉适用于血虚闭经、功能性子宫出血、月经过多及病后体虚等病症。乌贼墨适用于吐血、呕血、便血、肺痨咯血、功能性子宫出血等病症。

八腕目 Octopoda

蛸科 Octopodidae

长蛸 *Octopus variabilis*

【中文名】: 长蛸 cháng xiāo
【拉丁名】: *Octopus variabilis*
【科　属】: 蛸科蛸属

【形态特征】: 胴部呈现出延长的椭圆形状，其最大的胴长可达到140毫米，这一长度约为胴宽的2倍。生物的体表平滑，上面散布着细微的色素斑点。两只眼睛前方没有金色的环，眼睛之间也没有色块。腕足较长，其中第一对腕足的直径是其他腕足直径的2倍，腕式为1＞2＞3＞4，腕足上排列着两行吸盘。雄性右侧第三腕茎化，相对较短，其顶端的器官形状像勺子。中央的牙齿呈现五尖的形状。

【采集与分布】: 春季至秋季捕捞，捕后去除内脏，鲜用或晒干备用。分布于中国广西、台湾、福建、山东、河北、辽宁等沿海海域。

【药用价值】: 补气养血、通经下乳、解毒生肌。适用于产后乳汁不足、久病体虚等病症。

短蛸 *Amphioctopus fangsiao*

【中文名】：短蛸 duǎn xiāo
【拉丁名】：*Amphioctopus fangsiao*
【科　属】：蛸科双章鱼属

【形态特征】：胴部为卵圆形，最大长度能够达到 80 毫米。其体表散布着许多近圆形的颗粒。在眼睛的正前方，各有 1 个金色的环状图案，环的宽度与眼睛大小相当。双眼之间的区域有 1 个明显的纺锤形浅色区域。腕足较短，长度相近，且每只腕足上都排列着两行吸盘。雄性的第三右腕足特化，比左边的对应腕足短，其末端形成锥形。主要的牙齿具有 5 个尖峰。

【采集与分布】：春季至秋季捕捞，捕后去除内脏，鲜用或晒干备用。分布于中国广西、广东、福建、台湾、辽宁等沿海海域。

【药用价值】：补气养血、通经下乳、收敛生肌。适用于产后乳汁不足、久病体虚、遗尿、痈疽肿痛等病症。

闭眼目 Myopsida

枪乌贼科 Loliginidae

杜氏枪乌贼 *Uroteuthis (Photololigo) duvaucelii*

【中文名】: 杜氏枪乌贼 dù shì qiāng wū zéi
【拉丁名】: *Uroteuthis (Photololigo) duvaucelii*
【科　属】: 枪乌贼科尾枪乌贼属

【形态特征】: 胴部圆锥形、粗壮，后端逐渐变细，胴长约为胴宽的4倍。体表分布有不同大小的近圆形色素斑点，这些斑点均较小。鳍长超过胴长的二分之一，后端略微向内弯曲，两鳍相接时形成了纵向菱形的轮廓。腕足的长度存在差异，通常第三对和第四对腕足较长，其次是第二对和第一对。每条腕足上排列有两行吸盘，其中第二对和第三对腕足上的吸盘尺寸较大，吸盘周围的角质环上长有6～7个长板状小齿。雄性个体的左侧第四腕足发生特化，其顶端向后延伸至腕足全长的四分之一处，该处的吸盘转变为两排尖状突起。触腕的吸盘则排列为4行，其中中间两行吸盘较大，而边缘、顶部和基部的吸盘较小，这些大吸盘的角质环上具有不同大小的尖齿，以特定的排列模式分布。内壳为角质，形状类似针叶形，后端较为圆润，中轴发达而边肋较弱，叶脉细密。在直肠和墨囊两侧，各有1个椭圆形的发光器官。

【采集与分布】: 全年均可用钓具或张网捕捞，捕后鲜用或加工制成鱿鱼干。分布于中国广西、台湾、福建等沿海海域。

【药用价值】: 祛风除湿、清热解毒、活血化瘀、滋补、通淋。适用于风湿腰痛、下肢溃疡、腹泻、石淋、痈疮疖肿、病后或产后体虚、小儿疳积、腰肌劳损、肌肉痉挛等病症。

软体动物门 Mollusca

双壳纲 Bivalvia

贻贝目 Mytiloida

贻贝科 Mytilidae

■ 翡翠贻贝 *Perna viridis*

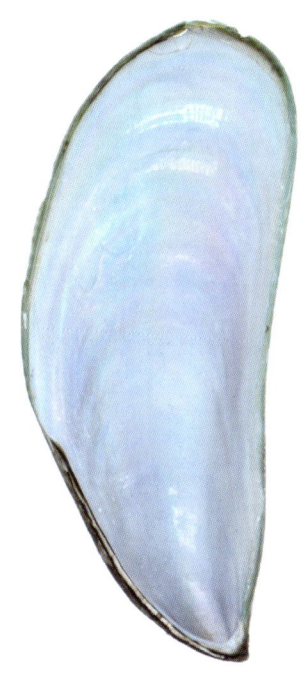

【中文名】：翡翠贻贝 fěi cuì yí bèi

【拉丁名】：*Perna viridis*

【科　属】：贻贝科贻贝属

【形态特征】：贝壳大，壳顶尖，贝壳呈楔形。壳表面光滑，呈翠绿色，生长纹细密。壳内面呈瓷白色，具有珍珠色泽。铰合齿左壳具2枚，右壳1枚。外套痕明显，无前闭壳肌痕，后闭壳肌痕大，后闭壳肌痕分成两部分，位于壳后端背缘。足丝孔不明显，足丝发达。

【采集与分布】：全年均可捕捉，捕捉后去壳，取肉洗净鲜用或晒干备用。分布于中国台湾海峡及以南沿海海域；东南亚及印度洋沿海等地亦有分布。

【药用价值】：益阴补血、益气填精、消瘿散结、止痢。适用于虚劳羸瘦、眩晕、盗汗、阳痿早泄、肾虚腰痛、贫血、久痢、吐血、崩漏、带下、甲状腺肿大。

珍珠贝目 Pterioida

扇贝科 Pectinidae

▌ 华贵类栉孔扇贝 *Mimachlamys nobilis*

> 【中文名】：华贵类栉孔扇贝 huá guì lèi zhì kǒng shàn bèi
>
> 【拉丁名】：*Mimachlamys nobilis*
>
> 【科　属】：扇贝科类栉孔扇贝属

【形态特征】：贝壳大，近圆形。左壳较凸，右壳较平。两耳不等，前耳大，后耳小。耳上具有细肋，右前耳下方有足丝孔，具细栉齿。壳色有变化，呈红、黄、橙、紫等多种颜色。壳表有约 23 条粗的放射肋，肋上有翘起的小鳞片。壳内多呈浅黄褐色，有与壳面相对应的肋纹。闭壳肌痕大。

【采集与分布】：全年均可捕捞，捕后取肉入药，洗净晒干，生用或煅用。分布于中国广西、广东、福建、台湾、海南、浙江等沿海海域。

【药用价值】：滋阴补肾、调中。适用于久病体虚、肾虚腰痛、胃痛等病症。

蚶目 Arcoida

蚶科 Arcoidae

▎ 角毛蚶 *Scapharca cornea*

【中文名】: 角毛蚶 jiǎo máo hān
【拉丁名】: *Scapharca cornea*
【科　属】: 魁蛤科毛蚶属

【形态特征】: 壳质地坚实，两侧壳向外膨胀。壳的前部较窄，逐渐向后方扩展，前端呈圆形，而后端则呈斜截状。壳顶明显突出，向前倾斜，位于壳前端的大约三分之一处。左壳相对较大，其上的放射肋带有结节状突起。相比之下，右壳的放射肋较为平坦，没有明显的结节。贝壳上的放射肋数量在 27 ~ 31 条之间，肋间的沟槽宽度较肋本身为窄。在铰合部位，两端的齿明显大于中央的齿。

【采集与分布】: 全年均可捕捞，捕后洗净泥沙，置于沸水中烫死，取肉鲜用或晒干备用，干品密封储藏于干燥处，去肉后的壳洗净晒干，生用或煅用。分布于中国广西、广东、台湾、海南等沿海海域。

【药用价值】: 消痰化结、软坚散结、制酸止痛。适用于瘰疬、瘿瘤、癥瘕痞块、顽痰久咳、胃痛泛酸、牙疳、外伤出血、冻疮及烫火伤等病症。

毛蚶 *Scapharca kagoshimensis*

【中文名】:毛蚶 máo hān

【拉丁名】: *Scapharca kagoshimensis*

【科　属】:蚶科泥蚶属

【形态特征】:贝壳呈近长卵形,较为膨胀,壳质坚厚。两壳不等大,左壳大于右壳。壳高为壳宽的四分之三到五分之四。壳前端圆形,后端近似斜截形,壳顶突出,位于中央之前,尖端向内卷曲,超过韧带面,前端距离不及壳长的三分之一。韧带呈梭形,具角质厚皮。壳面白色,覆盖棕色毛状壳皮,同心生长纹在腹部较明显,顶部易脱落。放射肋有31~34条,左壳肋上有明显的结节,右壳较为平滑。壳内为灰白色,中部有放射状细纹,边缘有齿状突起和缺刻。铰合部稍弯曲,齿呈栉状,约50枚,前端较大且稀疏,中间较小且密集。前闭壳肌痕小,呈菱形;后闭壳肌痕大,呈卵形。

【采集与分布】:全年均可捕捞,于海水退潮后到浅海泥沙中捕捉,捕后洗净泥沙,晒干备用。中国各沿海海域均有分布。

【药用价值】:补血、温中、健胃。适用于胃痛泛酸、纳呆、泄泻等病症。

帘蛤目 Veneroida

绿螂科 Glauconomidae

中国绿螂 *Glaucomya chinensis*

> 【中文名】：中国绿螂 zhōng guó lǜ láng
> 【拉丁名】：*Glaucomya chinensis*
> 【科　属】：绿螂科绿螂属

【形态特征】：小型贝壳、细长的椭圆状、两侧贝壳对称、质地轻薄且易碎。壳顶明显突出，向前倾斜，位于壳体的前部上方。贝壳的前背部边缘较短，略微隆起，而后背部边缘呈斜线，腹缘则保持平直。贝壳的前端短小且圆润，而后端则逐渐变尖。壳表面覆盖着黄绿色的壳皮，顶部常因脱落而露出白色。从壳顶延伸至腹缘有 1 条不明显的脊线，脊线之后区域颜色转为淡紫，表面呈现褶皱。生长线细腻而密集。贝壳内侧呈现白色或淡蓝的色泽。外韧带紧凑，颜色为黄褐色。铰合部位左右壳各有 3 个主要的铰合齿，其中左壳的中间主齿和右壳的后主齿尖锐且细长，末端分叉。闭壳肌痕的前部较小，呈肾形；后部较大，呈椭圆形。外套窦细长，呈指状，可延伸至壳体中部。

【采集与分布】：夏季、秋季捕捞。捕后洗净泥沙，置于沸水中略烫，取壳，洗净晒干，生用或煅用。分布于中国广西、广东、福建、海南、浙江等沿海海域。

【药用价值】：滋阴清热、软坚散结、制酸止痛。适用于潮热盗汗、瘰疬、胃痛泛酸等病症。

帘蛤科 Veneroidae

波纹巴非蛤 *Paphia undulata*

【**中文名**】：波纹巴非蛤 bō wén bā fēi gé

【**拉丁名**】：*Paphia undulata*

【**科　属**】：帘蛤科巴非蛤属

【**形态特征**】：壳体呈长卵圆形状，形态较为扁平。壳顶位置略偏向背部边缘的前端，两壳的顶尖紧密相接。其小月面和楯面主要呈现白色，并带有紫色的条纹。韧带较长，颜色为黄棕色。壳的表面可以是黄棕色或浅紫色，覆盖着紫色的波纹，表面似乎涂有 1 层漆状的壳皮。壳体的生长线非常细致，且没有放射状的肋骨。壳的内侧为白色或略带紫色，铰合部由 3 枚主齿组成。闭壳肌的痕迹，无论是前部还是后部，都呈梨形，外套窦的弯曲程度较浅，其尖端钝圆。

【**采集与分布**】：春季至秋季捕捞。捕后去肉留壳，洗净，晒干入药，打碎生用或煅用。分布于中国广西、广东、香港、福建、海南等沿海海域。

【**药用价值**】：软坚散结、化痰止咳、滋阴清热、制酸止痛。适用于瘰疬、胃痛泛酸、咳嗽痰多、潮热盗汗、崩漏、带下、咯血等病症。

菲律宾蛤仔 *Ruditapes philippinarum*

【中文名】: 菲律宾蛤仔 fēi lǜ bīn gé zǎi
【拉丁名】: *Ruditapes philippinarum*
【科　属】: 帘蛤科巴菲蛤属

【形态特征】: 壳体为卵圆形, 壳顶位置处于背部边缘的前部, 而壳的后缘呈现出一种截断的形态。小月面呈现椭圆形, 而楯面则为梭形, 其上的韧带较长且显著突出。壳的表面颜色为灰白色, 其上的花纹变化极为丰富。壳表的放射肋骨细腻且密集, 数量大约在90 ~ 107 条之间, 这些肋骨与壳的生长线相互交织, 形成了长方形的格子状图案。壳的内侧同样为灰白色, 铰合部配备了 3 枚主要的齿。前闭壳肌的痕迹形状为半圆形, 而后闭壳肌的痕迹则接近圆形。外套窦较深, 其尖端圆润而不尖锐。进出水管较长, 基部相互融合, 并且入水管的口缘处的触手是单一的, 不分叉。

【采集与分布】: 全年均可捕捞。捕后分离壳与肉, 分别入药, 壳洗净晒干, 生用或煅用。中国各沿海海域均有分布。

【药用价值】: 壳可清热解毒、利湿、化痰、软坚, 适用于痰饮喘咳、水气浮肿、胃痛呕吐、白浊、崩中、带下、瘿瘤、烫伤臁疮、黄水疮等病症。肉可清热利湿、化痰、软坚、降血压。

■ 青蛤 *Cyclina sinensis*

【中文名】: 青蛤 qīng gé

【拉丁名】: *Cyclina sinensis*

【科　属】: 帘蛤科青蛤属

【形态特征】: 壳体接近圆形，其高度略大于长度，壳顶恰好位于背部边缘的中心位置。小月面的特征不明显，与壳面相连的生长线清晰可见。楯面较狭窄，主要被韧带所覆盖。壳的表面颜色多变，通常呈现出棕黄色，边缘部分带有紫色。壳的生长线非常细致，放射肋相对较弱，但在边缘处较为明显。壳的内侧为白色，边缘带有细小的牙齿。铰合部分有3枚主要的齿，其中右壳的后主齿呈现分叉状。前闭壳肌的痕迹呈半月形，而后闭壳肌的痕迹则为椭圆形。外套窦较深，形状近似三角形。

【采集与分布】: 春季至秋季捕捞，取壳洗净晒干，打碎生用或煅用。分布于中国广西、广东、福建、海南、浙江、江苏、山东、河北、辽宁等沿海海域。

【药用价值】: 清热利水、化痰软坚、制酸止痛。适用于痰热痰喘、水肿、淋证、瘰疬、胸痛、痢疾、痔疮、崩漏、带下、胃痛吐酸、湿疹、烫伤等病症。

【**中文名**】：丽文蛤 lì wén gé

【**拉丁名**】：*Meretrix lusoria*

【**科　属**】：帘蛤科文蛤属

【**形态特征**】：壳体呈现三角卵圆形状，其前部和腹部边缘圆润，而后缘明显长于前缘，末端尖锐。壳顶位置略偏向背部边缘的前端。小月面呈长楔形，而楯面则较为宽阔，韧带粗壮且短，颜色为棕褐色。壳的表面平滑，覆盖有乳黄色的壳皮，顶部附近可能带有棕色或紫色的条纹，或者整个壳面散布着棕色的点状或线状花纹。壳的生长线较为微弱。壳的内侧为白色，铰合部配备有 3 枚主齿，以及 1～2 枚前侧齿。前闭壳肌的痕迹为长卵圆形，而后闭壳肌的痕迹则为卵圆形。外套窦较浅，呈现弧形。

【**采集与分布**】：春季至秋季捕捞，捕后去肉留壳，洗净，晒干入药，打碎生用或煅用。分布于中国广西、广东、福建、台湾、海南、江苏、山东等沿海海域。

【**药用价值**】：软坚散结、清热化痰。适用于癥瘕、咳嗽气喘、胸胁满痛、崩漏、带下、咯血等病症。

【中文名】：琴文蛤 qín wén gé

【拉丁名】：*Meretrix lyrata*

【科　属】：帘蛤科文蛤属

【形态特征】：壳体呈现一种三角卵圆形状，前缘和腹部边缘圆润，而后端则逐渐变尖。壳顶位于壳的中央稍偏前的位置。小月面形状类似矛头，其中线呈现轻微的弯曲。楯面为卵梭形，其上的韧带粗壮而短，两者均呈现出黑褐色。壳的表面被灰黄色的壳皮所覆盖，生长线宽阔且呈肋状，有时会分叉或被平滑的表面所中断。壳的内侧为白色，后背缘可能会呈现出紫褐色。铰合部有 3 枚主齿，以及 1 ～ 2 枚前侧齿。前闭壳肌的痕迹呈长卵圆形，而后闭壳肌的痕迹则接近梨形。外套窦较浅，形状为弧状。

【采集与分布】：春季至秋季捕捞。捕后去肉留壳，洗净，晒干入药，打碎生用或煅用。分布于中国广西、广东、台湾等沿海海域。

【药用价值】：软坚散结、清热化痰。适用于癥瘕、咳嗽气喘、胸胁满痛、崩漏、带下、咯血等病症。

文蛤 *Meretrix meretrix*

【中文名】：文蛤 wén gé

【拉丁名】：*Meretrix meretrix*

【科　属】：帘蛤科文蛤属

【形态特征】：壳体呈现三角卵圆形，其前缘和腹缘圆润，而后缘较长且末端稍圆。壳顶的位置处于背部边缘的中央偏前位置。小月面宽阔，呈长楔形状，楯面同样宽阔，几乎占据了整个背部边缘。韧带较短且为黑褐色。壳的表面平滑，覆盖着壳皮，其颜色和图案多样，通常为黄褐色并伴有褐色的图案。壳的生长线细致密集。壳的内侧为白色，铰合部有 3 枚主齿，以及 1～2 枚前侧齿。前闭壳肌的痕迹呈长卵圆形，而后闭壳肌的痕迹则为卵圆形。外套窦较浅，其尖端圆润。

【采集与分布】：春季至秋季捕捞。捕后去肉留壳，洗净，晒干入药，打碎生用或煅用。分布于中国广西、广东、福建、台湾、海南、浙江等沿海海域。

【药用价值】：清热化痰、软坚散结、止咳平喘、止血止带。适用于口渴烦热、咳嗽气喘、胸痹、瘰疬、痰核、咯血、崩漏、带下、痔瘘等病症。

【**中文名**】：缀锦蛤 zhuì jǐn gé

【**拉丁名**】：*Tapes literate*

【**科　属**】：帘蛤科缀锦蛤属

【**形态特征**】：壳略呈长方形，壳质坚实。贝壳前端尖圆，后端截形，腹缘圆钝。壳顶低平，前倾，位于背部中央之前。小月面呈卵圆形，楯面呈披针状。壳面为橙黄色，具有 3～4 条断续的三角形栗色色带和棕褐色的锯齿状花纹。同心生长轮脉粗壮，在贝壳后端翘起成片状。壳内面为橙黄色，每壳各具 3 枚主齿，左壳的中主齿和右壳的后主齿各自分叉。外套窦短，呈舌状，指向壳顶区。

【**采集与分布**】：春季至秋季捕捞。捕后去肉留壳，洗净，晒干入药，打碎生用或煅用。分布于中国广西、广东、香港、海南等沿海海域。

【**药用价值**】：软坚散结、化痰止咳、滋阴清热、制酸止痛。适用于胃痛、咳嗽、潮热盗汗、咯血等。

【中文名】：凸加夫蛤 tū jiā fū gé

【拉丁名】：*Gafrarium tumidum*

【科　属】：帘蛤科加夫蛤属

【形态特征】：壳体呈卵形，前端较短且圆，后端呈楔形。前端的小月面颜色较深且清晰，而后端的盾面不太明显。壳顶向两侧膨胀，略微偏向前端。外壳为黄褐色，夹杂着复杂的褐色和黄色斑纹。壳面上有显著的生长轮和 10～15 条突起的放射肋，但在壳后端，这些放射肋不明显，呈斜向延伸至腹缘。壳的内部为瓷白色，在后端和腹缘处有深褐色色素沉积，铰齿发达且坚硬。

【采集与分布】：春季至秋季捕捞。捕后去肉留壳，洗净，晒干入药，打碎生用或煅用。分布于中国广西、广东、台湾、海南等沿海海域。

【药用价值】：软坚散结、化痰止咳、滋阴清热、制酸止痛。适用于瘰疬、胃痛泛酸、咳嗽痰多、潮热盗汗、崩漏、带下、咯血等病症。

紫云蛤科 Psammobiidae

▌双线紫蛤 *Sanguinolaria diphos*

> 【中文名】：双线紫蛤 shuāng xiàn zǐ gé
>
> 【拉丁名】：*Sanguinolaria diphos*
>
> 【科　属】：紫云蛤科紫蛤属

【形态特征】：壳体呈长椭圆形，壳顶位置在壳的中前部，外韧带较短且向外突出。壳的前缘圆润，腹缘呈现弧形，而后缘则略微斜截，两端微微张开。壳的表面光滑，覆盖着褐黄色的壳皮，其上生长线细致，从壳顶延伸至后腹缘有 2 条浅色的放射状条纹。壳的内侧呈现紫灰色，铰合部有 2 枚与贝壳垂直的主齿。前闭壳肌的痕迹呈楔形，后闭壳肌的痕迹则为桃形。外套窦较深，向前逐渐变窄，尖端尖锐，腹线与外套痕相汇合。

【采集与分布】：春季至秋季可采捕，煮熟后取肉食用，壳洗净晒干，生用或煅用。分布于中国广西、广东、浙江和福建等沿海海域。

【药用价值】：滋阴养血、软坚散结、清热凉肝、制酸止痛。主治肝肾阴虚、心烦口渴、咽痛、颈淋巴结核、潮热盗汗、胃酸过多、胃及十二指肠溃疡、腰膝酸重、目赤肿痛。

鸟蛤科 Cardiidae

■ 角糙鸟蛤 *Trachycardium angulatum*

【中文名】：角糙鸟蛤 jiǎo cāo niǎo gé
【拉丁名】：*Trachycardium angulatum*
【科　属】：鸟蛤科糙鸟蛤属

　　【形态特征】：壳体坚固且厚重，形态接近圆形。壳的表面分布有大约 40 条放射状的肋骨，这些肋骨之间的沟槽狭窄且深邃。在壳的前部，肋骨上装饰有鳞片状的突起；中部区域则没有鳞片；而在壳的后部，肋骨较为平坦，鳞片状的突起较为微弱。外韧带较短且向外突出，颜色为黑褐色。壳的内侧为白色，壳顶区域带有黄色，中部及边缘通常呈现淡紫色。壳面上有与放射肋相对应的肋纹，边缘部分呈现出锯齿状。前闭壳肌和后闭壳肌的痕迹均接近卵圆形。

　　【采集与分布】：春季和夏季可捕捞。分布于中国广西、广东、台湾、福建等沿海海域。
　　【药用价值】：润肺、益精补阴。

真异齿目 Euheterodonta

竹蛏科 Solenidae

缢蛏 *Sinonovacula constricta*

【中文名】：缢蛏 yì chēng
【拉丁名】：*Sinonovacula constricta*
【科　属】：刀蛏科缢蛏属

【形态特征】：贝壳呈近长方形，壳薄，前端圆形，后端近截形，腹面微凹。壳表的生长线粗且显著，表面呈黄绿色，成体壳表常因磨损脱落呈白色，外韧带为黑褐色。壳内面白色，壳顶下方有与壳表凹沟相应的突起。外套窦短，仅及壳长的三分之一，顶端圆，腹缘部分与外套线愈合。铰合部较小，右壳有2枚主齿，左壳3枚，中间的较大且顶端分叉。

【采集与分布】：春季至秋季之间可在潮间带挖泥捕捉。捕后洗净，煮熟后去壳取肉鲜用或晒干备用。壳可晒干或置于火容器内煅制，研末备用。中国近海皆有分布。

【药用价值】：肉可清热除烦、滋阴通乳、补虚止痢、利水消肿。壳可和胃敛酸，解毒消肿。肉主治产后虚损，烦热口渴、盗汗、咽喉肿痛、产后乳汁不足等。壳主治胃病、胃气上逆、咽喉肿痛。

【中文名】：大竹蛏 dà zhú chēng
【拉丁名】：*Solen grandis*
【科　属】：竹蛏科竹蛏属

【形态特征】：贝壳细长、圆柱状，长度介于 100～120 毫米，通常其长度是高度的 4～5 倍。贝壳质地较为脆弱，两端开口，顶部特征不明显，位于壳背缘的前端。前端呈现截断状，而后端接近截断但略显圆润。贝壳的背部和腹部边缘均保持直线。壳表光滑并带有光泽，覆盖着一层黄色的壳皮，顶部的壳皮容易脱落，露出细小的同心纹理。贝壳内侧呈现出纯白色。铰合部位的齿短而细小，每片贝壳上各有 1 枚。外韧带呈现出黑褐色。

【采集与分布】：全年均可捕捞。捕后洗净，取肉鲜用，取壳晒干，生用或煅用。中国各沿海海域均有分布。

【药用价值】：肉可清热止渴。适用于消渴、饮酒过度等病症。壳可散结止带、通淋。适用于瘿瘤、痰饮、淋证、赤白带下等病症。

软体动物门 Mollusca

腹足纲 Gastropoda

原始腹足目 Archaeogastropoda

鲍科 Haliotidae

杂色鲍 *Haliotis diversicolor*

【中文名】：杂色鲍 zá sè bào
【拉丁名】：*Haliotis diversicolor*
【科　属】：鲍科鲍属

【形态特征】：贝壳呈长卵圆形，表面暗红色或褐色，成体常被磨出珍珠光泽。壳质坚实，壳顶钝。壳面具不规则的螺旋肋和细密的生长线。壳内面多呈银白色，具有珍珠光泽。螺层约 3 层，除体螺层外，其余各层间的缝合线均不明显。螺旋部小，呈乳头状，壳口大。外唇薄，内唇厚。从贝壳的顶部开始，有一行整齐排列的突起和呼吸孔，其中有 6～9 个开口。

【采集与分布】：夏季及秋季可采捕，捕后，取肉，洗净，鲜用或晒干备用。分布于中国广西、广东、香港、台湾、福建、海南等沿岸。

【药用价值】：壳可平肝潜阳、熄风止痉、清热明目、止血通淋，适用于骨蒸劳热、目生翳障、胃酸过多、淋证、吐血、失眠、头晕目眩、头痛等病症。肉可润肺益胃、活血调经、滋阴润燥，适用于头晕目眩、耳鸣、口干舌燥、津液不足、两眼干涩、月经不调、大便燥结等病症。

蝾螺科 Turbinidae

▋ 粒花冠小月螺 *Lunella granulate*

【中文名】：粒花冠小月螺 lì huā guān xiǎo yuè luó

【拉丁名】：*Lunella granulata*

【科 属】：蝾螺科小月螺属

【形态特征】：贝壳呈扁球形，壳质厚实，表面呈黄褐色并具有紫斑。壳表面覆盖有由小颗粒连成的螺肋。螺层共5层，螺旋部中央和上方以及体螺层的中央和上下方长有瘤状结节，这些结节近圆形，大小不一，呈环形分布且间隔较稀疏。螺旋部较低矮，而体螺层较大，其上有5条间隔相等的粗肋。壳口呈圆形，脐部大而内凹，内缘光滑，脐部中央有斜开口，其内形成脐孔。

【采集与分布】：全年均可捕捞。捕后取靥入药，洗净晒干备用。分布于中国广西、广东、福建、台湾、海南、浙江等沿海海域。

【药用价值】：滋补强壮、补肾益精。适用于劳倦乏力、腰膝酸软、阳痿、遗精等病症。

【中文名】：节蝾螺 jié róng luó
【拉丁名】：*Turbo bruneus*
【科　属】：蝾螺科蝾螺属

【形态特征】：贝壳呈近圆锥形，壳质厚实。表面粗糙，呈灰绿色或灰黄色，间有深色斑块。螺层共6层，缝合线明显，螺旋部尖，体螺层膨圆。壳面具有粗大的宽肋，宽肋间密布多条螺肋，肋上常有小结节。壳口近圆形，内面为灰白色，具珍珠光泽。底面凸起，带有粗糙的肋，脐孔小而深。厣为石灰质，呈圆形且较厚。

【采集与分布】：全年均可捕捞，捕后取厣入药，洗净晒干备用。分布于中国广西、广东、福建、浙江等沿海海域。

【药用价值】：清热止痢、行气止痛、利水通淋、解毒疗疮。适用于高血压、头痛、心腹满痛、痢疾、淋病、痔疮、疥癣等病症。

新腹足目 Neogastropoda

蛾螺科 Buccinidae

方斑东风螺 *Babylonia areolate*

【中文名】：方斑东风螺 fāng bān dōng fēng luó
【拉丁名】：*Babylonia areolata*
【科　属】：东风螺科东风螺属

【形态特征】：壳呈卵圆形，表面光滑，呈黄白色，覆盖有黄褐色表皮，带有不规则的方形褐色斑块，这些斑块在体螺层上形成3列。螺层约有8层，各螺层壳面膨圆，缝合线呈浅沟状，下方形成窄而平坦的肩部。壳口呈半圆形，内部为瓷白色。外唇薄，内唇光滑。前沟宽短，脐孔大而深，厣为角质。

【采集与分布】：秋季捕捞，捕后置于沸水中烫死，去肉取壳，洗净，晒干入药，生用或煅用。分布于中国广西、广东、福建、海南等沿海海域。

【药用价值】：清热解毒、制酸止痛。适用于胃痛泛酸、疮癣疥癞等病症。

【中文名】：泥东风螺 ní dōng fēng luó
【拉丁名】：*Babylonia lutosa*
【科　属】：东风螺科东风螺属

【形态特征】：壳呈长卵圆形，外形与方斑东风螺相似，表面平滑，呈黄褐色，生长纹细而明显，外被薄的壳皮。壳顶部的螺层膨圆，基部的3层在缝合线下方形成狭而斜的肩角面。壳口呈长卵圆形，外唇薄而弧形，内唇稍向外反折。脐孔小，厣为角质。

【采集与分布】：捕后分离壳肉，洗净，晒干入药。分布于中国广西、广东、福建、浙江、辽宁等沿海海域。

【药用价值】：壳可制酸止痛、清热解毒。适用于胃痛泛酸、疥癣、烫伤等病症。螺肉可养血、凉血、止血、润燥。

骨螺科 Muricidae

▌浅缝骨螺 *Murex trapa*

【中文名】：浅缝骨螺 qiǎn fèng gǔ luó
【拉丁名】：*Murex trapa*
【科　属】：骨螺科骨螺属

【形态特征】：螺壳由大约 8 个螺层构成。螺层之间的缝合线较为浅显。每个螺层上都装饰有 3 条明显的纵向膨胀肋。在螺旋部的每条纵向膨胀肋的中心位置，都有 1 个尖锐的刺状物；在体螺层的纵向膨胀肋上，除了 3 个较长的刺之外，某些肋之间还伴随着 1 个较短的刺。在体螺层的纵向膨胀肋之间，散布着 5 ~ 7 条较为细小且不太明显的膨胀肋。壳面上的螺肋细腻且显著地凸起。壳体表面呈现出黄灰色或黄褐色的色泽。前沟非常长，形状近乎封闭的管状，其上的尖刺一般不会超过前沟长度的二分之一。厣为角质结构。

【采集与分布】：全年均可捕捉。捕后用开水烫死，去肉、取壳洗净、晒干。产品于密封防潮处储藏。主要分布于中国广东、福建、台湾、海南、浙江等沿海地区，日本和西太平洋等海域亦有分布。

【药用价值】：清热解毒、活血止痛。主治热毒痈肿、疔疮、中耳炎、下肢溃疡。

【中文名】：脉红螺 mài hóng luó

【拉丁名】：*Rapana venosa*

【科　属】：骨螺科红螺属

【形态特征】：贝壳中等大小，坚厚结实，壳面呈黄褐色，刻有细密而凹凸的螺肋，其上覆盖着密集的生长纹，呈鳞片状。螺层约 6.5 层，螺旋部短小，在体螺层下半部有 3 条稍粗壮的螺肋，突起大小存在个体差异。螺旋部各螺层的中部和体螺层的上部向外扩张形成肩角，肩角具有短的棘状突起。外唇边缘有棱角，内缘有褶襞；内唇弧形，光滑。假脐呈漏斗状。具厣。壳口大，呈长卵形。

【采集与分布】：春季至秋季可采捕。捕后置于沸水中烫死，取壳，洗净晒干，生用或煅用。分布于中国辽宁、福建等沿海海域。日本、朝鲜、俄罗斯等沿海海域亦有分布。

【药用价值】：肉清热明目、壳制酸止痛、化痰消积、镇肝息风、厣清热解毒、利湿、通淋。主治胃及十二指肠溃疡、神经衰弱、手足拘挛、慢性骨髓炎、淋巴结结核。

可变荔枝螺 *Thais lacera*

【**中文名**】：可变荔枝螺 kě biàn lì zhī luó

【**拉丁名**】：*Thais lacera*

【**科　属**】：骨螺科荔枝螺属

【**形态特征**】：壳近菱形，表面呈黄紫色。缝合线明显，在体螺层与次体螺层之间加深成沟状。螺旋部的每层都有 1 环列龙骨状肩角，体螺层上有两条，尖角上有突起。壳口呈卵圆形，内唇光滑，外唇缘具缺刻。厣角质。

【**采集与分布**】：春季至夏季，退潮后可捕捉。去肉后将壳洗净，晒干备用。分布于中国广西、台湾、海南等沿海海域。

【**药用价值**】：软坚散结、清热解毒。适用于疮疡肿毒、瘰疬。

中腹足目 Mesogastropoda

玉螺科 Naticidae

▎扁玉螺 *Neverita didyma*

【中文名】：扁玉螺 biǎn yù luó
【拉丁名】：*Neverita didyma*
【科　属】：玉螺科扁玉螺属

【形态特征】：贝壳近半球形，壳质坚实。壳面光滑，呈黄色。壳顶为紫褐色，呈乳头状。螺层约6层，顶端两层的宽度增长较慢，向下则迅速增宽，至体螺层则骤然加大，体螺层具有细微的螺旋线。壳口大，呈长椭圆形，外唇边缘较薄，内唇贴附于体螺层基部，中部形成1个双瓣形的胼胝。厣角质，大型个体的厣有许多同心轮纹，与螺旋放射状生长纹相交织，呈布纹状。脐孔极大而深，边缘开张，一小部分被双瓣形胼胝所掩盖。

【采集与分布】：春季至秋季可捕捞，去肉留壳，洗净后晒干备用。分布于中国广西、广东、福建、海南、江苏、山东、河北、辽宁等沿海海域。

【药用价值】：清热解毒、化痰软坚、散结消肿、制酸止痛。适用于瘰疬、胃痛泛酸、四肢拘急、失眠、疮疖肿痛。

乳玉螺 *Polinices mammata*

【中文名】：乳玉螺 rǔ yù luó

【拉丁名】：*Polinices mammata*

【科 属】：玉螺科乳玉螺属

【形态特征】：壳呈卵圆形，表面灰白色，较粗糙，具有细密的环行和纵行的线纹，被有黄褐色的壳皮。体螺层有 3 条棕色色带，螺层约 6 层。壳质结实，壳口呈梨形，内部白色，带有棕色色斑。厣角质。外唇薄；内唇褐色，具有 1 个长胼胝。

【采集与分布】：春季至秋季可捕捞。置于沸水中烫死，去肉留壳，洗净晒干。可生用或煅用。分布于中国广西沿海海域。

【药用价值】：清热解毒、软坚散结、制酸止痛。适用于瘰疬、胃痛泛酸等病症。

锥螺科 Turritellidae

■ 棒锥螺 *Turritella bacillum*

【中文名】：棒锥螺 bàng zhuī luó
【拉丁名】：*Turritella bacillum*
【科　属】：锥螺科锥螺属

【形态特征】：贝壳呈尖锥状，壳厚且坚固。壳顶尖。螺旋部很高，体螺层很短，螺层20～30层。壳表面黄褐色或灰紫色。壳口内具有与壳表面螺肋相同的沟纹。厣为角质，易碎，呈圆形，核位于中央。

【采集与分布】：全年均可捕捞。于热水中烫死后去肉，将壳和魇洗净入药。分布于中国广西、广东、福建、海南、浙江等沿海海域。

【药用价值】：壳可平肝清热、解毒止痒。适用于风热目赤肿痛、痔疮。厣可清肝热、疗目疾。适用于风热目赤肿痛等病症。

星虫动物门
Sipuncula

方格星虫科 Sipunculidae

裸体方格星虫 *Sipunculus nudus*

> 【中文名】：裸体方格星虫 luǒ tǐ fāng gé xīng chóng
> 【拉丁名】：*Sipunculus nudus*
> 【科　属】：方格星虫目方格星虫科

【形态特征】：体长，呈圆筒形。体壁较厚，体壁纵肌成束，体表纵肌与环肌交错排列与体表呈方格状纹。吻覆有三角形乳突，吻前段光滑，前端具有 1 圈触手，张开时呈星状，收缩时成皱褶。消化道细长，具 1 对肾孔，位于肛门前腹面。体色浅黄、橘黄、浅紫、乳白色或略带淡红色。

【采集与分布】：退潮后于低潮区挖掘采捕。用竹签将星虫反转，洗净泥沙后，晒干备用。广泛分布于中国广西、广东、福建、台湾、海南等南方沿海地区，以及山东沿海等北方海域。日本、菲律宾、新加坡、印度尼西亚、澳大利亚等国家，以及地中海等海域亦有分布。

【药用价值】：滋阴降火、清肺止咳、镇痛。主治阴虚盗汗、肺痨咳嗽、胸闷痰多、牙龈肿痛、夜尿症等。

可口革囊星虫 *Phascolosoma esculenta*

> 【中文名】：可口革囊星虫 kě kǒu gé náng xīng chóng
> 【拉丁名】：*Phascolosoma esculenta*
> 【科　属】：革囊星虫科革囊星虫属

【形态特征】：体呈圆筒形，后端较小，呈圆锥状。前端自肛门以前逐渐变小，至吻基部骤然变细。吻细长，前端口背面及侧面具马蹄形排列的触手。肛门位于体前端背面，肾孔位于肛门前。体表具乳突，躯干两端的乳突呈棕黑色，体中央和陷入吻上的乳突通常为棕黄色。体壁肌纵肌束 18 ～ 19 条，收吻肌 2 对，纺锤肌粗大，无固肠肌。

【采集与分布】：退潮后挖掘采捕。暂养吐净沙泥，去除表面黏液，洗净后鲜炖成冻或晒干备用。主要分布于中国广西、广东、福建、台湾、海南、浙江等东南沿海区域。越南、印度、菲律宾等东南亚国家海域亦有分布。

【药用价值】：益气补血、滋阴降火、通乳。主治气血虚弱、产后乳汁不足等。

棘皮动物门
Echinodermata

楯手目 Aspidochirotida

刺参科 Stichopodidae

花刺参 *Stichopus variegatus*

【中文名】：花刺参 huā cì shēn
【拉丁名】：*Stichopus variegatus*
【科　属】：刺参科刺参属

【形态特征】：体壁骨片有桌形体、C 形体和不完全的花纹样体。桌形体有的底盘较小，呈圆形，中央有 4 个大孔，周围有 4 个小孔；有的桌形体底盘较大，周缘有较多穿孔。桌形体塔部高度不一，有 4 个立柱和 1 个横梁，顶端有 12 ~ 16 个小齿，分成四簇排列。C 形体大小不一。不完全的花纹样体似乎由几个 C 形体连接而成。管足内有大型支持杆状体。体色通常为深黄色，带有深浅不一的橄榄色斑纹，有些为灰黄色，带有浅褐色网纹，或黄褐色带浓绿色斑纹。疣足末端常呈红色。

【采集与分布】：春季和秋季进行捕捞。捕获后，先去除内脏，随后放入盐水中煮半小时，再用盐腌制 15 天，接着煮 1 ~ 2 小时。取出后，放入灰槽中，加入木炭灰揉拌，然后在日光下晒干备用。分布于中国广西、广东、台湾、海南等沿海海域，南沙群岛和西沙群岛海域亦有分布。

【药用价值】：滋补强壮、补肾壮阳。适用于肺痨、失眠、阳痿、水肿等病症。

参考文献

蔡英亚，刘桂茂，1989. 广东西部沿海的贝类 [J]. 湛江水产学院学报，9(1): 57-87.

陈大刚，张美昭，2015. 中国海洋鱼类 [M]. 青岛：中国海洋大学出版社.

陈国宝，梁沛文，曾雷，2019. 南海海洋鱼类原色图谱 [M]. 北京：科学出版社.

成庆泰，郑葆珊，1987. 中国鱼类系统检索 [M]. 北京：科学出版社.

邓家刚，2008. 广西海洋药物 [M]. 南宁：广西科学技术出版社.

高士贤，1984. 常见药用动物 [M]. 上海：上海科学技术出版社.

管华诗，王曙光，2015. 中华海洋本草图鉴 [M]. 上海：上海科学技术出版社.

广西壮族自治区卫生厅，1963. 广西中药志 [M]. 南宁：广西人民出版社.

国家药典委员会编，2010. 中华人民共和国药典 2010 年版 2 部 [M]. 北京：中国医药科技出版社.

国家中医药管理局，1999. 中华本草 [M]. 上海：上海科学技术出版社.

黄亮华，潘传营，闭显达，等，2021. 广西海洋药用生物研究现状及产业发展的思考 [J]. 渔业研究，43(6): 651.

黄宗国，林茂，2012. 中国海洋生物图集 [M]. 北京：海洋出版社.

姜凤梧，张玉顺，1994. 中国海洋药物词典 [M]. 北京：海洋出版社.

赖廷和，2016. 广西北部湾海洋硬骨鱼类图鉴 [M]. 北京：科学出版社.

李桂峰，周磊，翁少萍，2018. 珠江鱼类图鉴 [M]. 北京：科学出版社.

李海燕，舒琥，2008. 大亚湾水生贝类彩色图集 [M]. 广州：华南理工大学出版社.

林吕何，1976. 广西药用动物 [M]. 南宁：广西人民出版社.

刘晖，1996. 广西药用海洋动物资源及其应用 [J]. 广西科学院学报，(71):54-60.

刘静，吴仁协，康斌，2016. 北部湾鱼类图鉴. 北京：科学出版社.

刘瑞玉，2008. 中国海洋生物名录 [M]. 北京：科学出版社.

刘永强，黄岛平，陈建红，等，2012. 广西北部湾方格星虫氨基酸组成与营养价值评价 [J]. 安徽农业科学，40 (27): 13401-13402, 13521.

饶江，邓家刚，郝二伟，2016. 广西海洋药用生物名录 [M]. 南宁：广西科学技术出版社.

沈世杰，1993. 台湾鱼类志 [J]. 台北：台湾大学动物学系：444-456.

王长云，邵长伦，傅秀梅，等，2009. 中国海洋药物资源及其药用研究调查 [J]. 中国海洋大学学报 (自然科学版)，39(04): 669-675.

王祯瑞，2002. 中国动物志 [M]. 北京：中国科学出版社.

伍汉霖，1978. 中国有毒鱼类和药用鱼类 [M]. 上海：上海科学技术出版社.

伍汉霖，钟俊生 , 2021. 中国海洋及河口鱼类系统检索 [M]. 北京 : 中国农业出版社 .

肖林榕 , 2003. 海洋本草 [M]. 北京 : 中国医药出版社 .

谢观 , 1959. 中国医学大辞典 [M]. 北京 : 商务印书馆 .

谢宗万 , 2000. 全国中草药汇编 [M]. 北京 : 人民卫生出版社 .

颜云榕 , 易木荣 , 冯波 , 2021. 南海经济鱼类图鉴 [M]. 北京 : 科学出版社 .

中国科学院南海海洋研究所海洋生物研究室 , 1978. 南海海洋药用生物 [M]. 北京 : 科学出版社 .

中国人民解放军海军后勤部卫生部 , 上海医药工业研究院编 , 1977. 中国药用海洋生物 [M]. 上海 : 上海人民出版社 .

中国药用动物志协作组 , 1983. 中国药用动物志 [M]. 天津 : 天津科学技术出版社 .